伊恩·斯图尔特　数学游戏全集

Parity Piece and Pascal's Fractals

奇偶把戏 与 帕斯卡分形

Game, Set and Math:
Enigmas and Conundrums

【英】伊恩·斯图尔特 ◎ 著
张珍真 ◎ 译

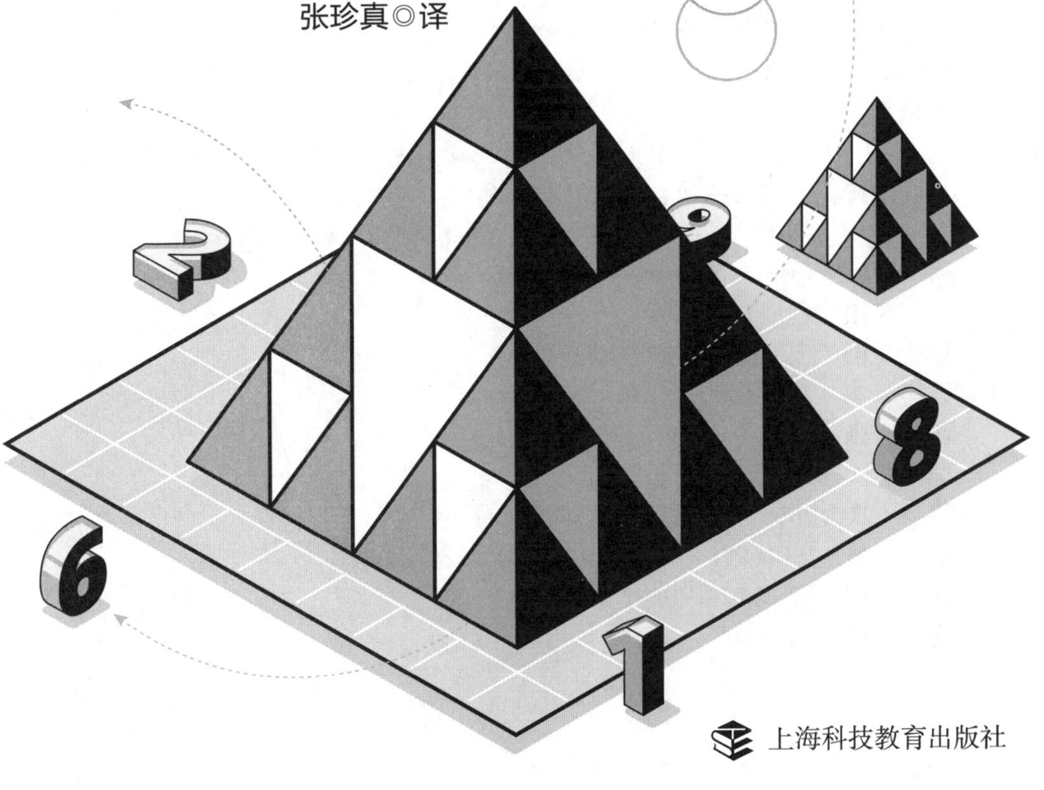

上海科技教育出版社

图书在版编目(CIP)数据

奇偶把戏与帕斯卡分形／(英)伊恩·斯图尔特著；张珍真译. -- 上海：上海科技教育出版社, 2025. 6. （数学桥丛书）. -- ISBN 978-7-5428-8430-5

Ⅰ. O1-49

中国国家版本馆 CIP 数据核字第 202599BL32 号

责任编辑　李　凌
封面设计　戚亮轩

数学桥丛书

伊恩·斯图尔特数学游戏全集

奇偶把戏与帕斯卡分形

[英]伊恩·斯图尔特　著
张珍真　译

出版发行		上海科技教育出版社有限公司
		(上海市闵行区号景路159弄A座8楼　邮政编码201101)
网	址	www.sste.com　www.ewen.co
经	销	各地新华书店
印	刷	上海中华印刷有限公司
开	本	720×1000　1/16
印	张	12
版	次	2025年6月第1版
印	次	2025年6月第1次印刷
书	号	ISBN 978-7-5428-8430-5/N·1265
图	字	09-2023-0591号
定	价	48.00元

前　　言

几年前，布朗热（Philippe Boulanger）让我推荐一位数学专栏作家来为《为了科学》（*Pour la Science*）杂志撰写"数学视野"（Mathematical Visions）栏目。《为了科学》杂志是《科学美国人》（*Scientific American*）的法文版，而布朗热正是该杂志的编辑。我第一次读到这本杂志时，还只有十几岁。当时，年少的我几乎立刻就被加德纳（Martin Gardner）的"数学游戏"（Mathematical Games）专栏深深吸引。后来，当加德纳停止写作，这一专栏逐渐演变成了杜德尼（A. K. Dewdney）的"计算机消遣"（Computer Recreations）。计算机逐渐替代了数学，这样的变化或许也象征着我们这个时代的变迁。但由于法国人抵制这一变化，因此"数学游戏"得以保留，名字变成了"数学视野"——与"计算机消遣"并存。这一设置也符合我的世界观：计算机和数学是一种共生关系，相互依赖。言归正传，这个专栏的作者已经转向了其他领域，因此布朗热正在寻找接替者。

我有没有合适的人选可以推荐呢？当然，于是我就毛遂自荐了："有，我自己。"

布朗热接受了我的自荐,尽管他可能对此仍有顾虑。两年后,这个专栏找到了自己的独特风格。我用英文写作,而菲利普则以相当熟练的技巧和自由的方式将其翻译成法文。现在,每当我遇到一个有趣的数学问题时,我的一部分思维就会想到:"我是否能够在《为了科学》中解释清楚呢……"它给了我一个非常不同的视角;至少有一次,我在思考"数学视野"的文章时萌生的想法被用到了严肃的学术研究中。

无论如何,这成就了这本书①——一本以不太严肃的方式呈现正经数学的书,收录了 12 篇"数学视野"的专栏文章。我对文章进行了编辑,恢复了英语的双关语。人们有时试图强调"数学可以很有趣"的观点,我认为这样的强调是错的。对我来说,数学**就是**有趣的,而这本书是我对待这个学科的一种自然结果。

当然,我能理解为什么大多数人会对这个说法感到困惑。要明白**为什么**数学有趣,你得找到正确的视角。你必须停止对符号和术语的畏惧,专注于思想;你要把数学看作一个朋友,而不是敌人。我

---

① 本书中文版将原书一拆为二,即本系列的《无穷大与衔尾蛇》《奇偶把戏与帕斯卡分形》。——译者注

并不是说数学总是令人愉快的;但你应该享受它,无论你的水平如何。你喜欢填字游戏或拼图吗?你喜欢下跳棋或国际象棋吗?你对数学规律着迷吗?你喜欢弄清楚"事物是如何运转的"吗?如果喜欢,那么你就有能力欣赏数学思想。而且,也许,如果你真的喜欢它们,你甚至可能成为一名数学家。

我们需要更多的数学家。数学对我们的生活方式至关重要。有多少人在观看电视节目时能意识到:如果没有数学,我们将无电视可看?数学是无线电波得以发现的关键因素。数学影响着处理信号的电子电路的设计。当屏幕上的图像卷成一根管子,并旋转显示成另一幅图像时,因计算机图形学而焕发生机的数学令人惊叹。

但这是应用层面的数学。这本书要讲的是另一面:娱乐层面的数学。

这两个层面可以说是数学的"一体两面"。数学是一场非凡的想象力的大爆发,既有纯粹的求知欲探索,又有具体的实际应用;它本就是**一个整体**。过去几年,纯粹数学和应用数学重新融合。拓扑学正在开辟全新的动力学领域;多维椭球的几何学正在为美国电话电报公司赚大钱;诸如 p 进群这样的晦涩概念在高效电话网络的设计中出现；康托尔集则被用于描述心脏的工作原理。昔日的智力游戏已经成为今天企业的财源。

然而，你在本书中读到的将是数学有趣的一面，而不是赚钱的一面。书中的一些话题是古老而经典的，另一些则是最新的。本书的大多数章节中都包含了需要你解答的问题，而答案则附在该章节的末尾；还有一些章节包含了可以动手制作、亲身体验的游戏。这些娱乐的背后也有我的深层意图：我希望至少有些人能受到启发，去探索那个幽默表演背后非凡的精神世界。实际上，在本书中你所遇到的话题都与**正经**的数学密切相关——尽管你自己未必能透过重重伪装看清这点。例如，"奇偶把戏"介绍了代数拓扑学。不过，话又说回来，我可以向你保证，"穿越时空见费马"与太空旅行或电影产业毫无关系。

额，等一下。或许，也有点关系？

伊恩·斯图尔特

目 录

第1章 奇偶把戏 / 1

第2章 穿越时空见费马 / 29

第3章 帕斯卡分形 / 61

第4章 虫妈妈又来了 / 87

第5章 条条平行线通罗马 / 115

第6章 圣诞节的十二个谜题 / 137

进阶读物 / 175

第 1 章
奇偶把戏

奇偶把戏与帕斯卡分形

我望向窗外,一棵大树正以100千米/时的速度向后退去。这没什么好大惊小怪的,因为此时我正坐在疾驰的火车里。车厢里没什么人。除了我,就只有一个光着脚穿着黑裤子、黑凉鞋的男人——我看不到他的上半身,因为被报纸挡住了。

我看了看表,该吃午饭了。我从包里拿出一片面包、一个橙子、一根香蕉、一瓶红酒,还有最重要的——一个开瓶器。

我吃完了面包,喝掉了大部分的红酒,突然发现那个黑衣人正通过他在报纸上戳的一个小洞在观察我。这让我感到不安。他是个私家侦探吗?是便衣警察吗?是情报组织的成员吗?我试图回想我犯了什么错,并开始朝门口移动。就在这时,他偷走了我的香蕉。

在我犹豫着是要追回我的东西还是逃命时,香蕉的一端从报纸的洞中伸了出来。

人们常说好奇心害死猫,而我的命又比猫少了整整八条——但整件事情实在太离奇了。"你拿我的午餐做什么?"我问道。

报纸被放了下来。映入我眼帘的,是一头金色的长发和一张瘦

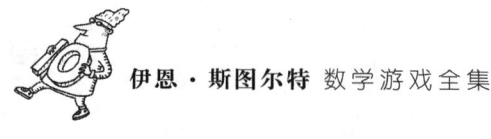

削的、戴着眼镜的脸。这个人穿着黑色的斗篷,脖子上挂着一条看起来像木制的链子;他手里拿着一根奇怪的棍子,上面雕刻着螺旋纹路,顶部有一个裂口,像是魔鬼的角。他看起来像是一个先知,只是古人不戴眼镜。"我正把你的香蕉推过这个洞。"他说,"而且我还要拿5英镑和你打赌,你没法把你的橙子也推过这个洞。"

"我当然没有办法!洞太小了!"

他微笑着说:"那么我们来打赌吧,如果我推你的橙子过这个洞,你就给我5英镑?"

"除非你不撕破纸,或者切开橙子!"我厉声说。

他一只手拿起橙子,凑近洞口。另一只手伸出一根手指穿过洞口,轻推了一下橙子。"看吧!"他说。"按照约定,我刚刚过这个洞推了你的橙子!"

我就不该打这个赌,这就是个语言陷阱!我打开钱包,抽出5英镑放进他的手掌里。他不知从哪里又拿出一瓶酒,问我借了开瓶器,把酒打了开来。

这是一种奇怪的交友方式,但那正是我第一次见到麦多克斯的场景。麦多克斯是一名职业魔术师,他通常擅长一些带有数学色彩的戏法。他的舞台化名是魔术师MMM。

他告诉我,他的手杖是自己雕刻的,叫"拇指扣"——可以把拇指放在两个小角之间来握住它。

他对那些用复杂设备把女人分成两半或让大象从玻璃笼子里消失的魔术师不屑一顾。他告诉我,最好的魔术是那些只使用最简单道具的表演。他说:"比如,拿这些软木塞来说。你看清楚,我把软木塞夹在食指和拇指根部,像这样[图1.1(a)]。现在,用左手的食指和拇指捏住右手软木塞的两端;同时,用右手的食指和拇指捏住左手软木塞的两端。"他把双手合在一起,然后分开,每只手都各拿着一个软木塞[图1.1(b)]。"现在轮到你了。"

"太简单了。"我一边说,一边用手指夹住软木塞。但当我试图把两个手分开的时候,却没有办法分开两个软木塞[图1.1(c)]。他向我演示了好几遍这个魔术,可是无论我怎么仔细观察,都看不出来他是怎么做到的。我抱怨道,"不管我怎么试,这两个塞子都是锁在一起的。你是怎么解开它们的?我完全看不出来。"而他只是静静地坐在那里,一副神秘莫测的样子。

我告诫自己,别像个无头苍蝇那样乱试了,要用逻辑来思考。于是,我开始画图,展示软木塞和我的手指是如何纠缠在一起的。

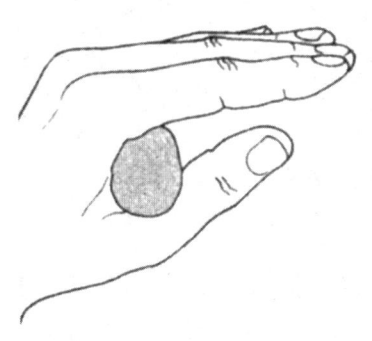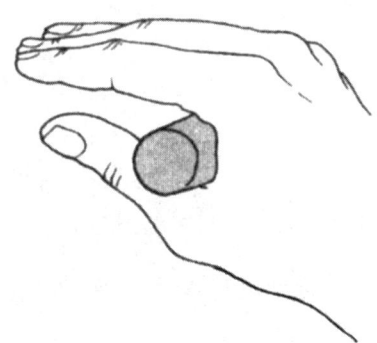

(a)

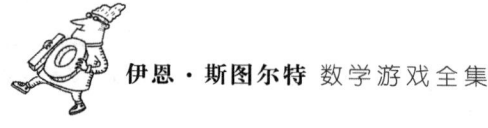

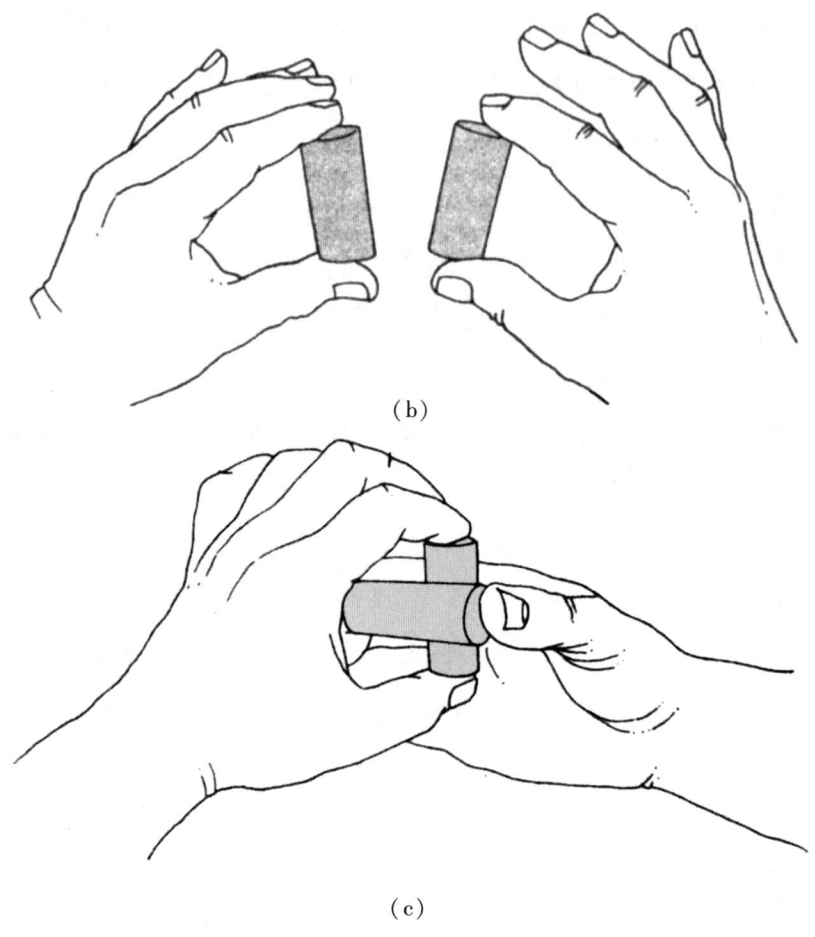

(c)

图 1.1 软木塞魔术

(a) 起始状态；(b) 完成状态；(c) 被卡住的软木塞

简化到最基本的原理，我当时的操作就像图 1.2(a) 所示，每一对"手+软木塞"组合成一个闭环，而这两组闭环又是相互锁住的。我说："这是拓扑学，对吧？"他点了点头，但没有说话。"我需要移动手指，打开这个闭环。让我看看……这样可以吗？"我在图上画出了图

1.2(b)。"不行,这样还是闭合的。让我试试图1.2(c)……好吧,还是一样的问题。啊哈!如果这样做[图1.2(d)],两个环就分开了。让我亲手试一下。哎呀不对!这太难了!我的大拇指都要脱臼了!"

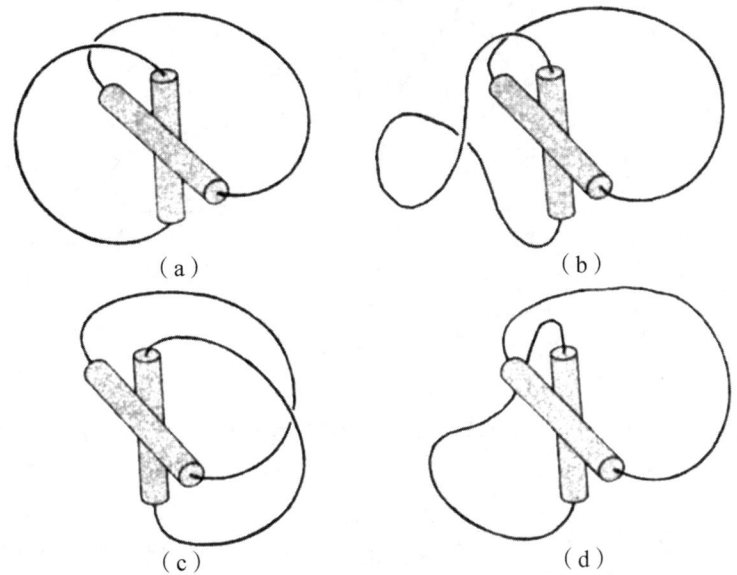

图1.2　这个魔术的抽象示意图,只有图(d)可行

他对我心生怜悯:"关于闭环这一点,你说得很对。本质上这确实是拓扑学问题。但是在拓扑学里,你可以随意拉伸物体,也可以向任何可能的方向弯曲它们,而显然你的拇指做不到这一点,想必你已经发现了这一点。所以,你得想办法在不弄折手指的前提下解决问题。"接着,他向我展示了如何在对齐拇指后,再伸展手指绕过去(图1.3)。

我练习了几次,直到动作变得自然:"嘿!这真是个很棒的派对

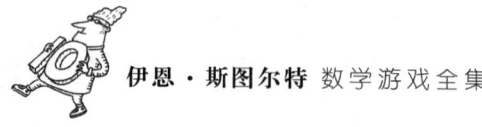

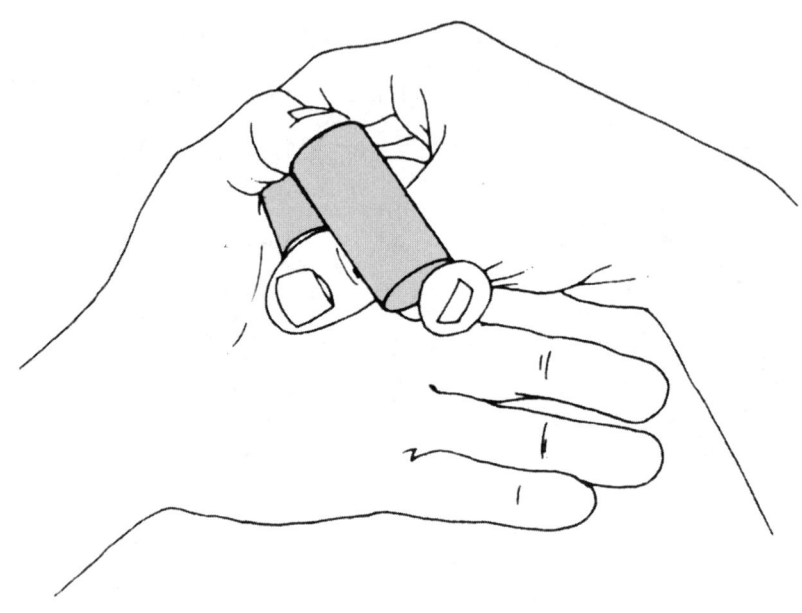

图 1.3 如何将软木塞分开

把戏!"

"其实,更像是奇偶把戏①。"他说,"你已经掌握了最核心的区别。现在,来看这条链子。"他把脖子上的链子取下来递给我。这是一条木质的项链,每一环都是完整且没有缺口的。"

"你是怎么把这条链子接上的?"我问道。

"你以为我是像珠宝匠打造金属链子那样,分别雕刻出链子的每一环,然后把它们全部组装起来吗?朋友,这是不可能的。不,我是从一块实心木头开始,直接雕刻出一条环环相扣的链子。这引出了一个基本的数学原理。"

---

① 派对把戏 party piece 与奇偶把戏 parity piece 读音近似。——译者注

"如果在一个空间里,有两个圆环。它们可能是扣在一起的[图 1.4(a)],也可能是分开的[图 1.4(b)]。如果它们是分开的,那么我就可以把它们完全分开[图 1.4(c)]。图 1.4(a)和图 1.4(b)的唯一区别是一个交叉点上下发生了变化。但就是这个细微的差别,使你无法解开链条。"

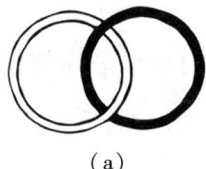
(a)

(b)

(c)

图 1.4 两个圆环的相对位置
(a) 相扣;(b) 分开;(c) 没有扣在一起的圆环可以分开

"我曾看到魔术师在舞台上把金属戒指分开,"我说。

"没错。但是你之所以对此感到惊讶,恰恰是因为你知道这是不可能的。你知道这里面有一定窍门,但你就是想不出来。对吗?"

"你说得没错。"

"我不会告诉你的——毕竟我也是魔术师协会的成员。"

"我一直以为他们有什么特殊的手法来操纵戒指。"

"手法并不特殊,特殊的是戒指,它们是特制的,我只能说这么多了。你可以通过数学方法来证明两个相扣的戒指不可能分开。只通过连续变形,是不可能把两个戒指的状态从图 1.4(a)变为图 1.4(c)的。这意味着你不能破坏戒指,也不能让它们互相穿过:你只能拉伸、压缩和弯曲它们。实际上,即使你把两个戒指拉到变形,但在拓扑学里它们仍然被视为两个圆环——我也会仍然称其为两个圆环。"

我说:"我早就觉得这是不可能的了,但我没想到你竟然可以证明这一点。"

"那你有福了,我要向你展示一下。关键在于找到两个相扣的戒指在连续形变时不会改变的特点,而这个特点又是相互分离的两个戒指所不具备的。你能想到这样的特点吗?"

我努力思考着:"嗯……彼此相扣?"

"完全正确,但也是完全的废话。我是让你研究'圆环'的问题,不是让你'绕着圈子'思考问题!我要更确切的答案。你看看下面这个例子,或许会有所启发。"随后,他画出了图 1.5(a)和图 1.5(b)。"这两个环经过连续变形后可以互相转换,你同意吗?"

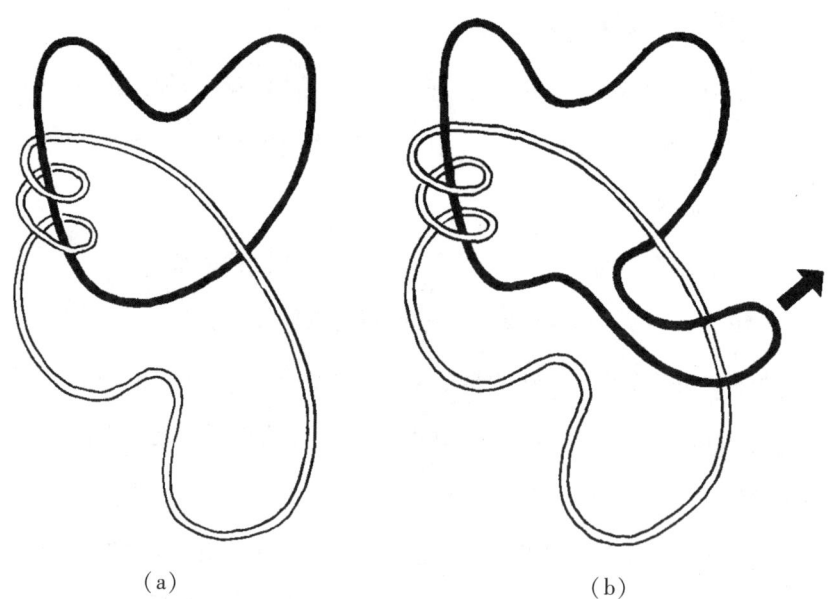

(a)   (b)

图 1.5 可以相互转化的两个"环"

"是的……只要把黑色圆环上的小环推到白色圆环上方即可。"

"非常正确！如果我给你任意两个纠缠在一起的圆环——为了方便观察追踪,我们用一黑一白来表示。是否存在通过连续变形改变其重叠状态的方式呢？"

"可以把我们刚才的动作反过来,不过我看不出那样有什么意义……哦,有了！可以把刚才黑环上的小环放到白环下面。"

"很好。"

"或者把这个动作反过来。"

"非常好！所以,要想改变两个圆环之间的交叉方式,一共只有四种移动方式,我们可以称其为基本动作:我们要么用一个环穿过另一个,要么把它拉回来(图 1.6)。就圆环的重叠方式而言,任何连续变形都只是产生一系列基本动作,明白了吗？"

"明白了。"

"现在,我希望你思考交叉点的数量。基本动作会如何改变它？"

"交叉点会增加两个,或者减少两个。哦！我明白了！如果交叉点的数量是偶数,那它必须保持偶数！如果是奇数,那它必须保持奇数！"我开始兴奋起来,"对于两个没有相扣的环,就像图 1.4(c)那样,它们没有交叉点。零是一个偶数！但对于两个相连的环,存在两个交叉点……哎,真烦人！"

"2 也是一个偶数。"

"是的,真是可惜。这个方法行不通。如果一对相扣的环之间的交叉点有**奇数**个,那就解决问题了！因为奇数不管如何加减 2,都还是奇数,不可能变成0。"

他点了点头。"你差不多明白了。想一想,当黑环从白环上方交叉过去时,交叉的次数是多少。忽略黑环从白环下方交叉的次数。"

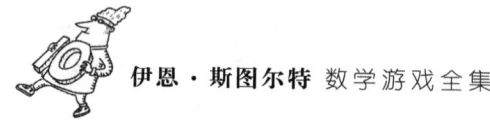

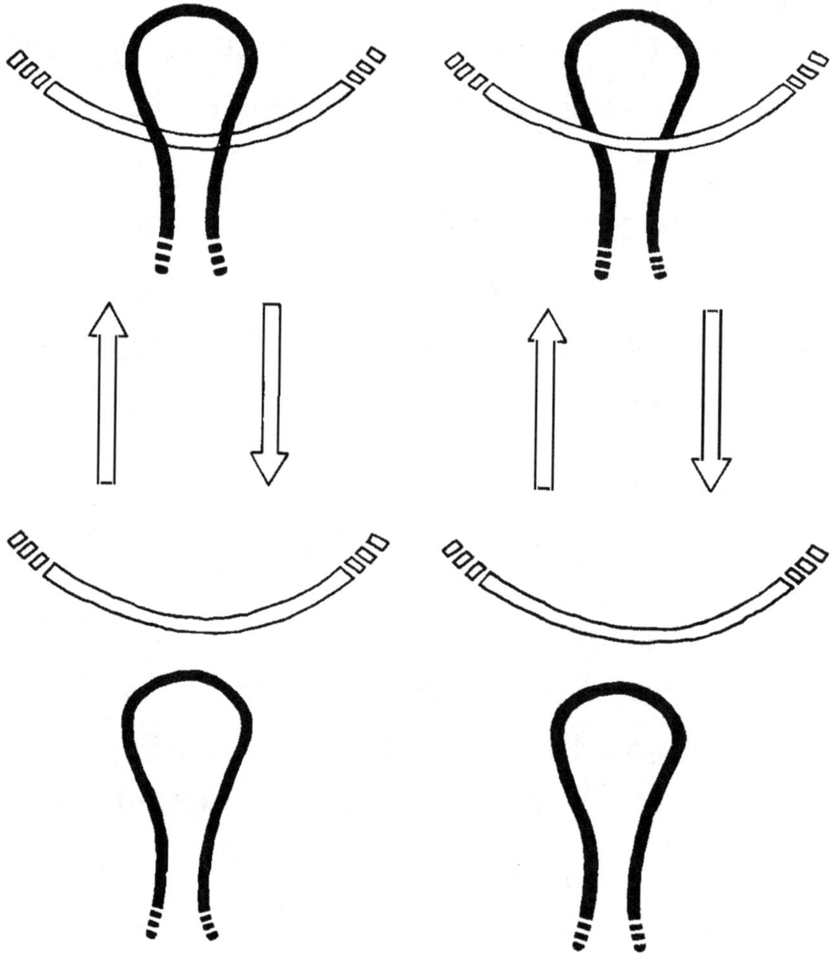

图1.6 改变两环之间交叉方式的四个基本动作

"让我看看,如果我进行一种基本操作,把黑环的一个小环推到白环上方,那么交叉点个数增加 2。如果我撤销这个操作,那就减 2。如果我进行另一种基本操作,将一个小环穿过白环下方……次数保持不变。太好了!所以黑环从白环上方交叉的次数要么保持不变,要么增加或减少两次。如果一开始是偶数,那就一直是偶数;如果一开始是奇数,那就一直是奇数……是的!对于图 1.4(c)来说,这个数是 0,是一个偶数;但对于图 1.4(b),这个数是 1,那就是奇数!"

"这就是证明过程。"麦多克斯说道。"这是拓扑学家最喜欢的把戏之一——利用奇偶性来解决问题。这个思路非常有用,你一定会惊讶的。不过,这里还有一个更厉害的概念。实际上,你定义了一个拓扑不变量。这是一种可计算的量,当你持续地改变一个物体时,它保持不变。如果你取两个拓扑不变量不同的物体,你显然不能将一个物体持续地变形成另一个物体。"

"否则不变量就会相同……而它们不同。真聪明!"

"这里的不变量是黑环从白环上方交叉的次数的奇偶性。一个数的奇偶性是指它是偶数还是奇数。这就是我所说的这是一个奇偶把戏的意思。不容易想到,对吧?而且大多数拓扑不变量都比我们的奇偶不变量更难找到。"

他画了另一幅图(图 1.7):"这里有个例子。对于这对环,黑环从白环上方交叉的次数是 4,所以奇偶不变量是'偶数'。两个没有相扣的环的奇偶不变量也是偶数。那是否意味着我们可以变'相连'为'分离'?"

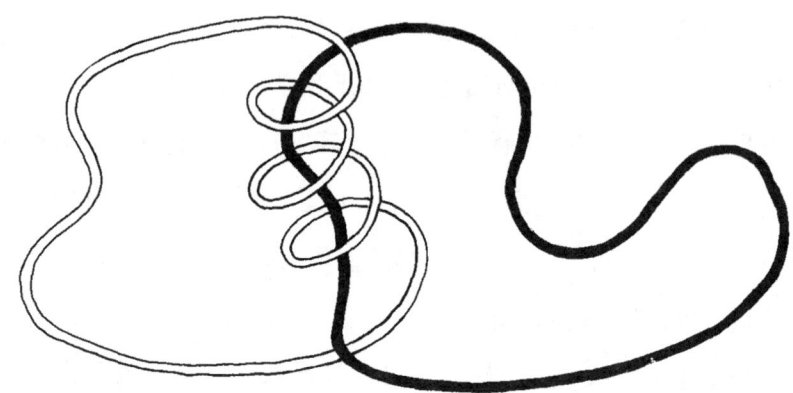

图 1.7 具有偶数个交叉点的黑白两环。它们可被分开吗

"是的。肯定能。让我来试试……好吧,看上去有点难……我不确定……"

"让我换一种问法。如果你看到一只蓝色的鸟和一只黄色的鸟,那它们肯定不是同一种鸟。但如果你看到两只黑鸟,这是不是意味着它们一定属于同一种鸟呢?"

"不。它们可能是一只乌鸦和一只渡鸦。"

"是的。颜色是鸟的一个不变量——当然,前提是忽略一些可以有多种颜色的鸟,比如虎皮鹦鹉。不同颜色的鸟必然属于不同种的鸟,但是相同颜色的鸟不一定属于同一种鸟。"

"同样地,如果两组环扣具有不同的不变量,它们必定在拓扑上是不同的;但这并不意味着如果具有相同不变量的两组环扣,它们在拓扑上就相同。所以,奇偶校验并不意味着我们可以解开这个链接——只能说奇偶校验不足以证明我们能分开它们。"

环扣要比鸟的颜色难理解多了。我这样想,也这样说了出来。

"好吧,我来给你一个更为'数学'的类比。假设我通过重复加减 4 来描述数字的变化。我想知道是否可以将 3 变成 5。现在,数字的奇偶性是一个不变量,加或减 4 会使奇数仍为奇数,偶数仍为偶数。而 3 和 5 具有相同的奇偶性。所以我可以将 3 变成 5 吗?"

"让我看看,$3+4=7$,$7+4=11$。然后我再减去 4,哎呀,又是 7 了……"

"没错。事实上也确实是不可以的,但是奇偶不变量并不足以证明这一点。我们可以用一种更适合的不变量。我可以为每个数字分配一个等于 0、1、2 或 3 的不变量,即它模 4 的结果。这个不变量,我们不叫它奇偶性,而叫它'四余性'好了。"

"啊,我明白了。除 4 的余数。"

"差不多是这样。现在,你同样可以检查在连续变形的情况下,'四余性'是否也是不变量。数字 3 的'四余性'是 3,但数字 5 的'四余性'是 1。所以它们肯定**不能**互相变形。我说的这些,你明白了吗?"

"我还是有点糊涂。"

"原来我们用奇偶性作为不变量,但 3 和 5 具有相同的奇偶不变量,因此无法区分。但是,我们找到了**更合适**的不变量,也就是'四余性',这样我们就能证明这两者是不能相互变形的。"

"明白了。"

"这就说明,在处理不变量时需要非常谨慎。如果某个不变量能把两者区分开,那说明两者确实不同;但如果某个不变量不能把两者区分开,却不能说两者一定相同。"

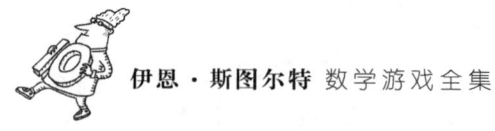

"我明白了。那有没有比'四余性'更合适的不变量呢?'八余性'怎么样,也就是模8?或者'十六余性'呢?……哦,不行,那样的话……"

"淡定,淡定,你有点反应过度了。'四余性'是一个**完全**不变量。当且仅当两个数字的'四余性'相同时,它们才能通过连续变形变为另一个。"

"是这样没错,但如果我对数字重复地加8或减8,那'八余性'可能是个更好的不变量。"

"专注,专注!聚焦在眼前的问题上,不要狂躁。"

我如他所言,静下心来思索,终于恍然大悟:"对于这个环扣的问题,你其实是想告诉我,存在比奇偶不变量更合适的不变量,而这个不变量又可以证明图1.7和图1.4(c)之间是不能相互转化的。让我猜猜:是交叉点数量的'四余性'吗?"

"不,没有那么简单。你需要的是一个最根本的拓扑不变量,它叫链接数。你可以想象一张被拉伸在白环上的薄膜,它就像一张纸片被箍在环上。你在环上标一个箭头,看它从哪个方向穿过薄膜,然后顺着箭头方向沿环走。如果它从背面穿过薄膜,计为+1;如果它从正面穿过薄膜,计为-1。然后你只需要在黑环穿过薄膜的位置上加上这些+1和-1。

"例如,在图1.8中,按照所示的箭头,黑环从背面穿过薄膜3次,从正面穿过一次,所以链接数是1+1+1−1=2。"

"很有意思,"我说:"它有点像计算黑环绕白环的圈数。"

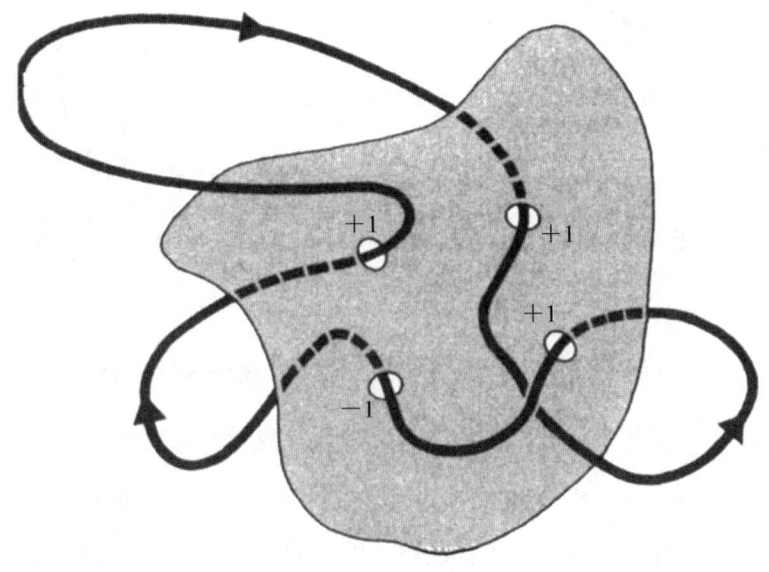

图 1.8 计算链接数

"好。现在不变量是链接数。嗯,你得提前选定箭头方向,如果颠倒箭头方向,链接数的符号会改变,所以在计算后为了安全起见应该将其符号改为正数。这很容易解决。问题是,你明白为什么它是不变量吗?"

我老老实实地回答说不——我很喜欢坦诚而有意义的讨论。

"这本质上是同样的技巧。改变链接数的唯一方法是通过将一个环从图 1.9 中拉出来,这样就会增加或者减少两个交叉点。但当你把它们的方向考虑进去时……"

"这两个点可以被计算为 +1 和 −1,因为它们的方向是相反的!"这下,我完全明白了,于是脱口而出,"当你把它们相加得到链接数

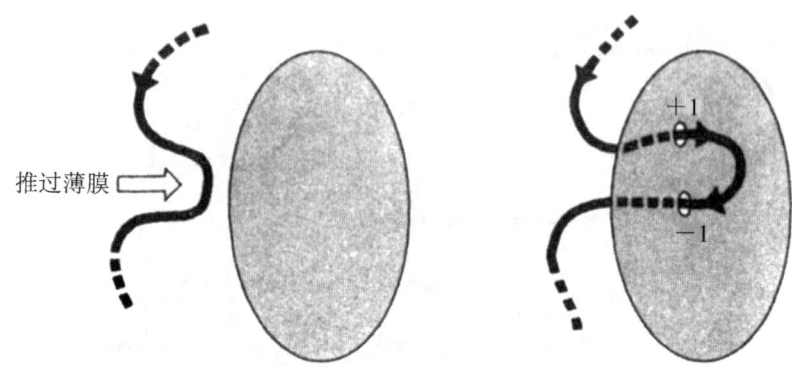

图1.9 链接数不会因为增加或减少一对穿过薄膜的"切割点"而改变时,它们正好互相抵消!这意味着链接数本身没有改变!"

"没错。这是不是很神奇,为了证明看上去很'显而易见'的事情,你需要付出多大的努力?经验告诉我们这是真的,但这并不能转化为证实它的逻辑证明。"

奇偶把戏与帕斯卡分形

问　题

1. 图 1.10 展示了 6 组环扣，你能计算出它们的链接数吗？其中有两组可以互相转换，是哪两组？

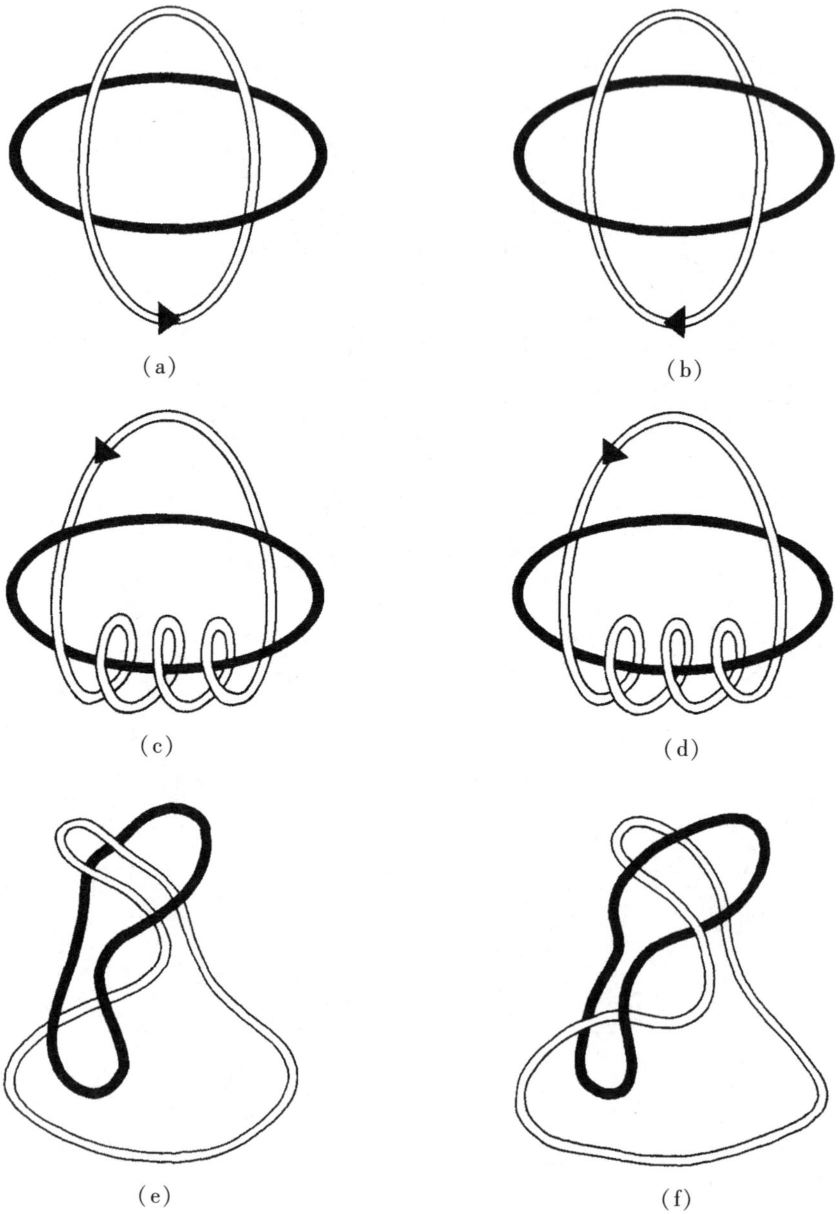

(a) (b)

(c) (d)

(e) (f)

图 1.10 6 组环扣,其中有两组是可以通过连续变形相互转换的,请问是哪两组

奇偶把戏与帕斯卡分形

问　题

2. 是否存在两个圆环，它们之间的链接数是 0，但却无法被分开？

我有了新的疑问:链接数是完全不变量吗？如果有两组环扣,它们的链接数相同,是否就说明可以通过连续变形将一个转化成另一个呢？

如果你能找到这样的例子,那么毫无疑问链接数就并非完全不变量。实际上它也确实不是——数学家们还没有找到一个解决链接数问题的完全不变量。目前,数学家发现了几种新的链接数的不变量。其中一个是由五个数学家团队分别独立发现的……虽然没人认为其中会有一个完全不变量,但也许它们之中就真的存在完全不变量。当然这是另一个故事了。就此问题的更多讨论,请参见进阶读物。

言归正传,你能回答出前面关于链接数为 0 时的问题吗？

反正我不能。我想了足足二十分钟,最后一边用手帕擦了擦额头,一边喝掉了最后一口红酒:"两个软木塞都能引出那么多数学,真不知道你还能从一瓶酒里说出多少来！"

"酒中自有诗意,"麦多克斯说道,"但酒里的数学倒是不太多——数学需要你保持清醒的头脑。顺便说一句,写出'面包、酒和你'的诗人海亚姆(Omar Khayyam)也是一位相当出色的数学家,他发明了三次方程的几何解法。这让我又想到了,美国有家酒厂的商标上印着非常特别的环扣(图 1.11)——它们被称为博罗米尼环,因为它们来自博罗米尼家族的纹章。"

我注视着这个商标,说:"我看不出有什么特别之处啊。这不过就是 3 个扣在一起的圆环而已。"

奇偶把戏与帕斯卡分形

图 1.11 博罗米尼环，只需一刀即可将其全部分开

"这么说吧：如果有 3 枚扣在一起的圆环，你需要剪几刀，才能使它们分开，成为 3 枚独立的圆环？"

"两刀。"

"为什么呢？"

"因为每剪一刀，就能分开其中一枚圆环。"

他拿出串在一起摆成博罗米尼环样子的绳子，还有一把剪刀。他上下摇晃绳子，证明它们确实已经被连在了一起。随后，他拿出剪刀，说："剪断一个环。"我照做了。

3 个环都掉到了桌子上。

"哈！你一定是作弊了。如果你把 3 个环排成一排，那么只要剪开中间的环，这 3 个环就散开了。"

他递给我另一组博罗米尼环："好的，你来选哪个剪。"

"那我选最外面的……奇怪，没有一个在最外面……"

他向我指出："这是对称的。无论剪哪个圆环，都会全部分离。"

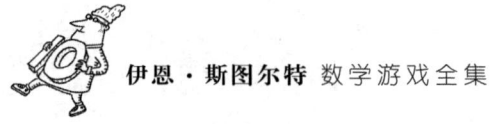

我说:"好吧。我打赌,在4个环上,你可做不到这一点!"

他再次看向了我,又一次露出了那种高深莫测的表情。

"你愿意再打个5英镑的赌吗?"他说。

奇偶把戏与帕斯卡分形

问　题

3. 你能否找到 4 个扣在一起的圆环，剪一刀，就能将其完全分开？

答　案

1. 图 1.10 中的 6 组链接数分别是 $a=1, b=2, c=4, d=5, e=0, f=2$。因此，只有 b 和 f 两组可能可以相互转化，而实验证明它们的确可以。

2. 图 1.12 中展示了两个链接数为零的圆环，即使如此它们还是链接在一起。这被称为怀特黑德环。

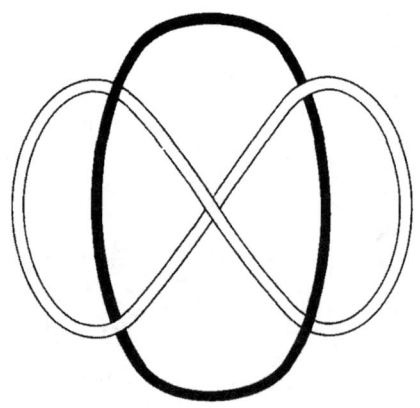

图 1.12　怀特黑德环的链接数为零，但无法分离

3. 你不仅可以找到一个由 4 个环组成的链接，只剪断其中一个圆环即可完全分离；还可以为

任意 n 个环找到这样的链接。图 1.13 一目了然地展示了这是如何在 7 个环中实现的。来自法国埃夫勒的范德沃勒（C. van de Walle）还向我展示了 4 环和 5 环的另一种优雅解法（图 1.14）。

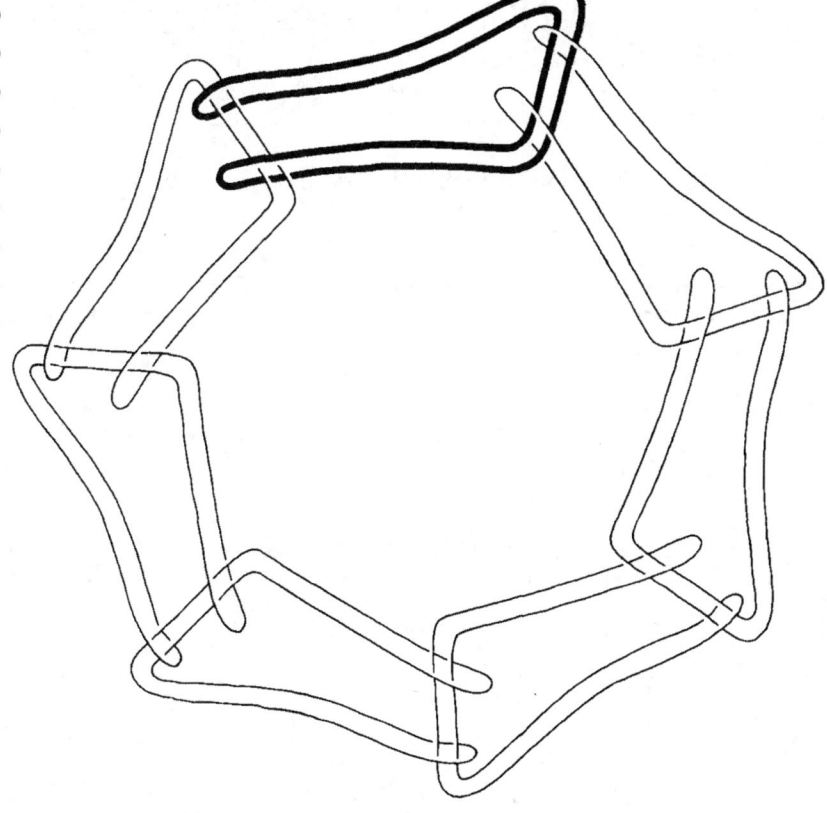

图 1.13 广义博罗米尼环，剪断任意一个环（如阴影所示），其余环就会分离

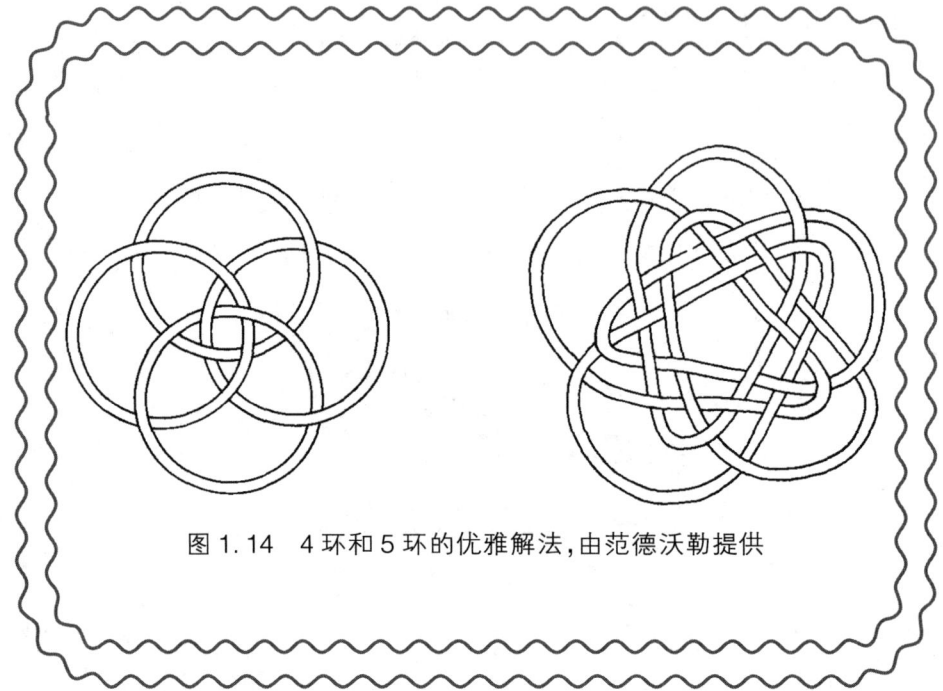

图 1.14 4 环和 5 环的优雅解法,由范德沃勒提供

第 2 章
穿越时空见费马

奇偶把戏与帕斯卡分形

  在《无穷大与衔尾蛇》一书中，我已经说过在我后花园的树莓丛后面，有一个时空扭曲通道。这个时空扭曲通道可以通往很多地方，其中包括距离地球十亿光年的、位于猎户座右眼方向的奥姆比利库斯星球。或者说，这个时空扭曲通道送我去往的时间和地点似乎取决于我进入它时脑子里正在想什么。为此，我做了几次实验，想看看我是否能够精准地控制着陆时空。我还没有完全掌握这个技巧——上周，我穿越到古耶利哥城，可时机没掌握好，落地时城墙正在倒塌！不过，现在我的水平已经越来越高了。

  昨天，我决定穿越时空去拜访我最崇拜的数学家费马（Pierre de Fermat），他生于1601年，逝世于1665年。他居住在法国南部城市图卢兹，职业是律师。他最出名的，当数由他提出但未能证明（抑或者他证明了但是写不下的）费马大定理。

  下面这则故事流传甚广，或许你已经听过了。费马拥有一本由古希腊数学家丢番图（Diophantus）撰写的数学巨著《算术》（*Arithmetica*）。在这本书的某一处，丢番图解释了如何找到边长都是整数的直角三角形。根据毕达哥拉斯定理，这样的三角形的边长(a,b,c)满足 a^2+

$b^2 = c^2$。这个方程有无穷多组整数解,比如(3,4,5)和(5,12,13)。然后,费马开始思考两个完全平方数之和是否等于另一个完全平方数,并进一步思考这对立方数、四次幂或更高幂次是否同样适用。或者说两个完全立方数相加是否得到另一个完全立方数。

他断定这是不可能的,并在书页的空白处写下了这样的话:"将一个立方数分成两个立方数之和,或一个四次幂分成两个四次幂之和,或者一般地,将一个高于二次的幂分成两个同次幂之和,这是不可能的。关于此,我确信已发现了一种美妙的证法,可惜这里空白的地方太小,写不下。"

直至今日,还没有人能补全费马缺失的证明,但也没有找到任何反例来否定这一定理。① 于是,这一定理得以广为流传。曾经有一笔巨额奖金悬赏解答,不过,随着通货膨胀,奖金的价值大幅缩水。于是,又有人提出了一笔新的、更合理的奖金。这一定理也被称为"费马最后定理",因为它是费马给后人留下的最后一个未解之谜——迄今为止,许多数学家前仆后继,试图证明这一猜想,但仍然没有人能够得出结论。

现代数学家们不愿意相信费马知道一些他们所不知道的东西,尽管对我个人来说,一点也不感到惊讶——他们倾向于假定如果费马认为他有一个证明,那这个证明肯定是错误的。他们的理由是:自那以后,人们已经提出了成百上千种看似合理实则错误的"证明",所以,费马本人也许也陷入了其中某个陷阱。不过,在我看来费马可是个聪明人,说不定他就是对的呢!

---

① 费马大定理已于1994年被英国数学家怀尔斯证明了。——译者注

究竟孰对孰错呢？很多人认为这个问题永远也没有答案：这个猜想既没有办法证实，又没有办法证伪。不过，显然绝大多数人后院的树莓丛后也没有一个时空扭曲通道。所以，我的计划就是进入时空扭曲通道，回到费马所处的时代，亲自问问他！考虑到他大概也会好奇自己所提出的猜想在后来是如何发展的，于是，我收集了一些关于这一猜想的最新研究成果，准备带给他。

接着，我在脑中使劲默念费马大定理，走进了时空扭曲通道。

不得不说，这次的穿越成功极了。我出现在一个装饰精美、摆满了古董家具的房间里，壁炉里的木柴熊熊燃烧。一个头戴假发、手握羽毛笔的人正坐在桌前，在笔记本上写着什么。我为了引起他的注意，故意清了清嗓子。他转过身来。

"阁下从何处来？"他有些惊慌地喊道，跳起来挥舞着手里的羽毛笔，好像那是一根长棍而不是一支笔，"是否为偷盗而来？"

"不，尊敬的费马先生。"我站在时空扭曲通道入口的边上，以防他用手枪或者手里的羽毛笔攻击我。我小心翼翼地回答道："我是您的仰慕者，来自遥远的未来。"

费马思索了一番。他看了看我的衣服——一条旧牛仔裤和一件红色的印有"菲·斯拉马·贾玛：得克萨斯最高的联谊会"的运动衫（这指的是休斯顿大学的篮球队，我曾经在那里待过一年）。"也许你说的是真的，"他说，"你的着装很奇怪，不是这个时代的，你的口音也糟糕透了。不过，你是英国人，所以口音也不能说明什么。不过即使就一个英国人来说，你的口音也还是很奇怪。"然后，作为一名数学

家,他抛出了一个尖锐的问题:"你能证明你的说辞吗?"

我早就预料到了这一点,所以带了一个可编程计算器。我仅仅用了十分钟时间,给他演示了如何用计算器来生成斐波那契数列或者计算三次方程精确到小数点后十位的解之后,他就相信了我。

"那你为何而来呢,时间旅行者先生?"

我解释说,在遥远的未来,他会是一个非常著名的数学家。这让他非常惊讶。"但我并没有在数学上花费什么精力,这只是我在闲暇时间的消遣。"

我挥手打断了他,告诉他不要如此谦虚。"费马先生,我来询问你的最后定理。"

"我的什么?"

"当然,你现在应该还不知道'最后定理'这个名字。这个定理说的是,一个立方数不可能被分解为两个立方数,同样一个四次幂也不可能被分解为两个四次幂……"

他面露不解,扯了扯假发:"这个想法非常有趣。我从未考虑过这个问题。这个问题很有趣,很吸引人……但我不知道答案。我会把它记在我的《算术》书上……"

时间旅行的问题就在这里了——你永远不知道会引发什么悖论。我本打算询问费马关于他的定理,现在却是他从我这里了解到了这个问题。

他抬头看了一眼挂钟,跳了起来:"抱歉,先生。我要去法庭了,有个要紧的会议。也许你愿意过几天再次到访?一周后怎么样?"

我最后一次环视了他的书房,然后通过时空扭曲通道退出,心里想着我到底做了什么。历史会不会因此发生改变,宇宙是否依然存在?

世界没变,宇宙也还在。我安慰自己,也许正是因为我回到过去,让费马知道了这个定理,才使得宇宙没有因为"费马没有提出最后定理"这一悖论而分崩离析。好吧,如果费马没有提出这个想法,总得有人去做,不然这个世界的历史就要发生改变了。

穿越时空的好处就是你不必真的等待一周。我只是把心里默念的时间往后调整了一周,然后转身再次穿进了时空扭曲通道……

费马果然在等我:"旅行时空者,你来了!你所提出的问题真的非常有意思!我足足思索了七天七夜。当 $n \geq 3$ 时,方程 $x^n + y^n = z^n$ 是没有整数解的。我找不到符合你这一猜想的例子。"

"不,不,这是你的猜想!否则宇宙可能会解体!"

"好吧,没有符合'我的'猜想的例子。我找到了几个接近但仅差一步的情况。比如,

$9^3 + 10^3 = 1729$,而 $12^3 = 1728$。

这也就是说,$x^3 + y^3 = z^3 + 1$ 是存在整数解的。

类似地,$x^3 + y^3 = z^3 - 1$ 也存在整数解。你能找到一组这样的解吗?

问　题

1. 你能不能找到费马大定理的近似解？例如上述两个方程的其他整数解，或者 $x^4+y^4=z^4\pm1$ 的解。

奇偶把戏与帕斯卡分形

费马说:"关于幂指数,我还找到了无数其他有趣的关系(参见知识栏2.1)。但是,我始终没能找到哪个立方数恰好是另外两个立方数之和。我倒是找到了恰好等于两个平方数之和的立方数,或者恰好等于两个立方数之和的平方数。我还找到了'四次幂不能分解为两个四次幂之和'的证明。"

我心说,费马的动作可真快!

"我不得不说,这个思路很有意思,我将其称为……"

"无穷递降法,对,就叫这个好了!"

"你听说过吗?"

"我早就告诉过你啦。你在未来非常有名。你对于四次幂的证明也同样著名!"

他不可思议地摇了摇头:"但我只是数学的业余爱好者。"

"帕斯卡(Blaise Pascal)称您为'欧洲最伟大的数学家'。"

"帕斯卡太抬举我了,他总是这样。"他叹了口气,说道,"我倒是非常想要知道未来的人们发现了什么数学奇迹……还拥有这么一个'可编程计算器'呢!这简直就是神器!"

"费马先生,我很愿意送你一个计算器,但我担心那样的话会引发时间悖论,所以我不敢这么做。但是我可以告诉你关于你'最后定理'的事情。"

于是,我告诉他,他以后的数学家们陆续证明了定理的某些特例,并且他的猜想对于已知的幂次都是成立的,直到125 000次方时都成立。他打开了他的《算术》,拿出笔,飞快地在书页边的空白处写

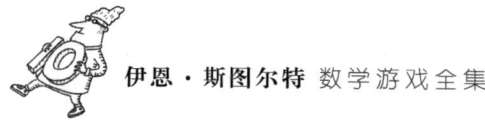

知识栏 2.1

$$133^4+134^4=158^4+59^4$$
$$1^4+8^4+12^4+32^4+64^4=65^4$$
$$4^4+6^4+8^4+9^4+14^4=15^4$$
$$30^4+120^4+272^4+315^4=353^4$$
$$1^4+2^4+9^4=3^4+7^4+8^4$$
$$5^4+6^4+11^4=1^4+9^4+10^4$$
$$8^4+9^4+17^4=3^4+13^4+16^4$$
$$7^4+28^4=3^4+20^4+26^4$$
$$51^4+76^4=5^4+42^4+78^4$$
$$4^5+5^5+6^5+7^5+9^5+11^5=12^5$$
$$49^5+75^5+107^5=39^5+92^5+100^5$$
$$3^6+19^6+22^6=10^6+15^6+23^6$$

了起来。我注意到那个空白部分并不小,他几乎是把我说的内容全部都记了下来,还夹杂着用了不少法律速记符号。我感到不安,因为我所知道的数学史里,并没有记录这样的注释。然而,我不能在这时打断他,那样太不礼貌了。

"在我那个时代最引人注目的新结果,"我告诉他,"是1983年一个名叫法尔廷斯(Gerd Faltings)的德国年轻人证明了莫德尔猜想。莫德尔猜想认为,对于所有形式的丢番图方程,包括你所提出的方程,其整数解都只有有限组。法尔廷斯找到了极其高深且困难的证明。因此对于所有 $n \geq 3$,如果你的最后定理有任何例外情况,这些例外也最多只有有限个。"

并不是所有人都能理解这一点——即使你不知道这些例外的具体值,但知道"它们的数量是有限的"也是一个很大的进步。知道这一点很重要,因为你可以希望对它们的大小设定界限,之后原则上通过试错法就可以完全解决问题。实际上,这些界限通常太大,无法使用这种方法实现,但是通过更聪明的方法,数学家们仍然有望取得一些进展。

实际上,从法尔廷斯的结果出发,希思-布朗(D. R. Heath-Brown)于1987年证明了:对于"几乎所有"的指数 n,费马大定理都是成立的(见表2.1)。也就是说,当 n 趋向于无穷大时,满足费马大定理的 n 的比例趋近于100%。这个结果是跨越性的,它不再说对于每个 n 都只有有限组解,而是说除了极少数指数 n 以外,其他所有的指数都没有解。当我解释这一点时,费马又在《算术》的空白部分潦草地写下了大量笔记,对此我还是感到不安。

表2.1 费马最后定理的研究进展

时间	发现者	证明 n 为多少时,$x^n+y^n=z^n$ 不成立
约1640年	费马	$n=3$
约1640年	费马	$n=4$
1738年	欧拉	$n=3$(独立证明)
1738年	欧拉	$n=4$(独立证明)
约1815年	热尔曼(Sophie Germain)	若 n 为素数,且 $2n+1$ 亦为素数,那么 n 就是热尔曼素数。热尔曼证明费马大定理对大于等于3且不能整除 xyz 的热尔曼素数成立

（续表）

时间	发现者	证明 n 为多少时，$x^n+y^n=z^n$ 不成立
1828 年	狄利克雷（Peter Lejeune Dirichlet）	$n=5$
1830 年	勒让德（Adrien-Marie Legendre）	$n=5$（独立证明）
1832 年	狄利克雷	$n=14$
1859 年	库默尔（Ernst Eduard Kummer）	n 为"常规"素数：尤其当 $n \leq 100$，且 $n \neq 37, 59, 67$ 时
1893 年	米里曼诺夫（Dimitri Mirimanoff）	$n=37$
1905 年	米里曼诺夫	$n \leq 257$
1909 年	韦伊费列治（A. Wieferich）	n 为素奇数且不能整除 xyz，同时 n^2 不能整除 $2^{n-1}-1$。第二个条件对 $n < 3 \times 10^9$ 都成立，除了 1093 和 3511
1922 年	莫德尔（Leo Mordell）	如果"莫德尔猜想"成立，那么对于任何 $n \geq 3$，都只有有限多个例外
1978 年	瓦格斯塔夫（S. S. Wagstaff）	$n < 125\,000$
1983 年	法尔廷斯	$n \geq 3$ 时只有有限多个例外
1987 年	希思–布朗	"几乎所有" n

他谦虚地说："我自己也证明了关于解的有限性的一些结果。我最喜欢的例子是唯一一个比平方数大 2 的立方数是 $3^3 = 5^2 + 2$。"

"如果是这样，那么你会喜欢容格伦（W. Ljunggren）的定理，即只有 $1 = 1^2$ 和 $57\,121 = 239^2$ 这两个平方数在加 1 并除以 2 后，所得结果是一个整数的四次幂。"

他看起来如痴如醉，但是他的表情突然变了："但是你对法尔廷斯先生的工作的描述中一定有错误。如果 $x^n+y^n=z^n$，那么对于任意的常数 k，我们都可以得到 $(kx)^n+(ky)^n=(kz)^n$。因此，一个解可以产生无数个解。"

"那倒是真的，"我说，"我是指有无穷多个没有公因数的解。"

"啊。"

"但实际上，这样思考是不正确的。莫德尔和法尔廷斯想到的方式是注意到方程 $x^n+y^n=z^n$ 等价于 $\left(\dfrac{x}{z}\right)^n+\left(\dfrac{y}{z}\right)^n=1$。设 $\left(\dfrac{x}{z}\right)=X$，$\left(\dfrac{y}{z}\right)=Y$，那么你会发现求 $x^n+y^n=z^n$ 的整数解等价于求 $X^n+Y^n=1$ 的有理数解。"

"我很清楚。我工作的很大一部分内容涉及方程的有理数解。"

"将 x、y 和 z 乘一个常数 k 不会改变 X 或 Y。因此 $X^n+Y^n=1$ 的有理数解的数量是有限的，毫无争议。从这个角度来看，"我继续说，"你的最后定理相当有趣。方程 $X^n+Y^n=1$ 在 (X,Y) 坐标平面上定义了一条曲线，现在我们称之为 n 次的费马曲线。当 n 是偶数时，费马曲线是接近方形的椭圆形；当 n 是奇数时，它们延伸到无穷远（图 2.1）。那么，费马大定理就可以翻译为，尽管具有有理数坐标的点 (X,Y) 在平面上密集地分布，但费马曲线在这些有理点之间蜿蜒而行，永远不会触碰任何一个。"

"但是这并不能证明什么，"他说，"因为实际上有许多这样的曲线。例如，直线 $Y=X+\sqrt{2}$ 就不与任何一个有理数点相交。如果它与

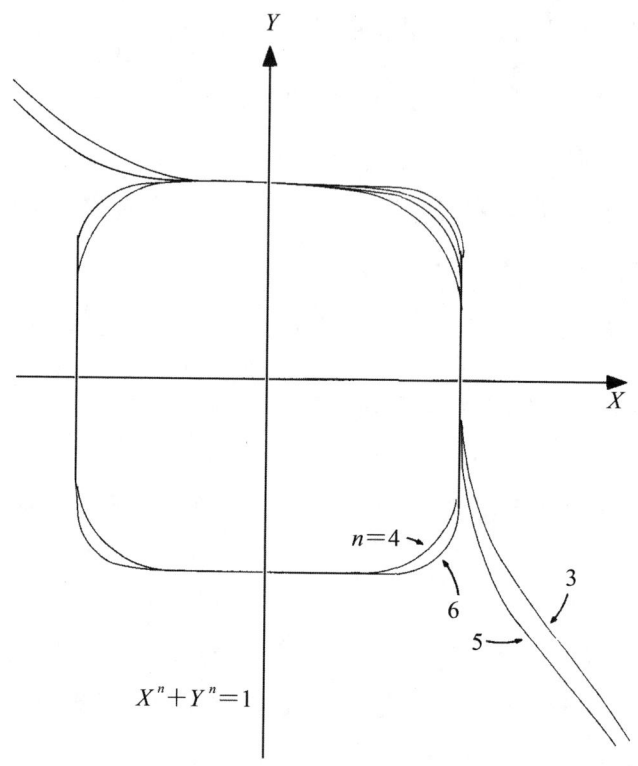

图 2.1　不同幂次时的费马曲线

如果费马大定理成立,那么任何一条费马曲线上都不包含两个坐标都是有理数的点

有理数点相交,那么 $\sqrt{2}=Y-X$ 就会是有理数。"

"是的,但是费马方程中的系数本身是有理数,而 $\sqrt{2}$ 不是。"

"但是有一个简单的技巧可以将方程 $Y-X=\sqrt{2}$ 转化为 $(Y-X)^2=2$,也就是 $X+Y-2XY=2$,现在方程中没有无理数了(图2.2)。"

"没错,"我说,"这表明在这种问题上你需要谨慎。无论如何,

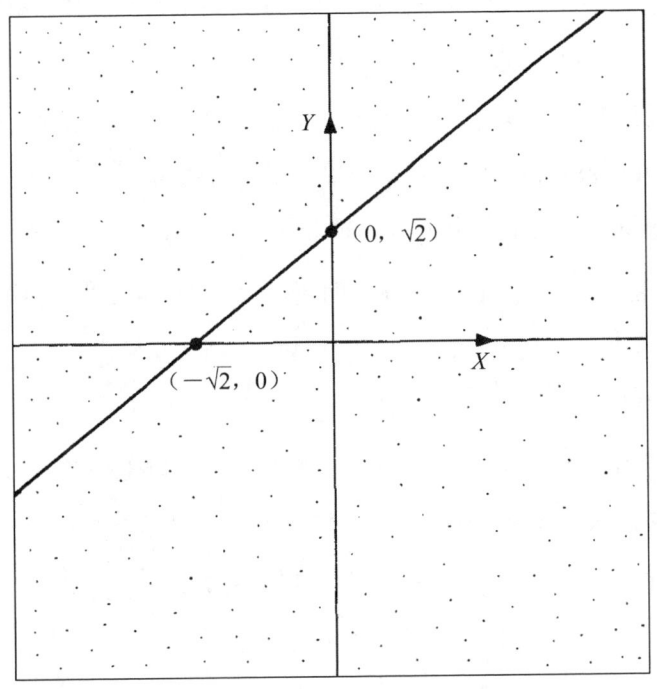

图 2.2 曲线未必经过有理数点

曲线 $Y^2-2XY+X^2-2=0$，即直线 $Y=X+\sqrt{2}$，就是这样一个例子，图中的灰点表示有理数点，它们密集地分布在平面上

法尔廷斯的结果是每条费马曲线只能与有限多个有理数点相交。"

费马翻阅着他的书，说道："你的问题也让我思考了一些相关的事情，例如，如果两个立方数相加无法得到一个立方数，那么三个立方数呢？当然是可以的。事实上，$3^3+4^3+5^3=6^3$。这使我猜测，对于任意的 n，n 个 n 次幂相加可以得到一个 n 次幂，但 $n-1$ 个 n 次幂不行。"

他兴奋地在书页边缘潦草地写着，我越来越惊慌："但这是欧拉

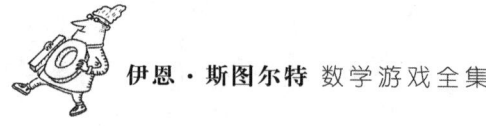

的猜想!"我大声说道,"它是在你之后才提出来的!拜托,无论如何,不要将其发表!那会产生可怕的悖论!"

费马沉思着说道:"只要没有印刷版本留存至你的时代,你就不会知道我已经比欧拉先生更早地提出了这个猜想。"

"也许吧。"我并不开心。他那些边注又是怎么回事呢?而且他为什么抱怨书页的空白太小呢?明明就很大啊。我试图转移他的注意力,"在我的时代,已经证明了欧拉的猜想是错误的。"

"这才是真正重要的新闻!"

我向他解释说,1966年兰德(L. J. Lander)和帕金(T. R. Parkin)找到了第一个(截至1988年也是唯一的一个)欧拉猜想的反例:四个五次幂相加仍得到一个五次幂(参见知识栏2.2)。

知识栏 2.2

$$27^5 = 14\ 348\ 907$$
$$84^5 = 4\ 182\ 119\ 424$$
$$110^5 = 16\ 105\ 100\ 000$$
$$135^5 = 41\ 615\ 795\ 893$$
$$\overline{144^5 = 61\ 917\ 364\ 224}$$

"他们是如何找到的?"他边问边将数字抄写到页边。我内心懊恼不已。此时,他的书页边缘大部分已经被填满。

"通过穷举式的计算机搜索。"

"计算机?"

"一种巨型可编程计算器。"

"哦。我本以为会涉及一些有趣的数学方法。"

"的确如此!1988 年,哈佛大学的埃尔基斯(Noam Elkies)找到了另一个反例:三个四次幂相加得到一个四次幂(参见知识栏 2.3)。这一次确实用到了一些真正的数学方法,而不仅仅是计算机搜索。"

知识栏 2.3

$2\,682\,440^4 =\quad 51\,774\,995\,082\,902\,409\,832\,960\,000$

$15\,365\,639^4 =\quad 55\,744\,561\,387\,133\,523\,724\,209\,779\,041$

$18\,796\,760^4 =\ 124\,833\,740\,909\,952\,854\,954\,805\,760\,000$

$20\,615\,673^4 =\ 180\,630\,077\,292\,169\,281\,088\,848\,499\,041$

"再多告诉我一些吧。"

"嗯,埃尔基斯的方法和法尔廷斯一样,不再寻找方程 $x^4+y^4+z^4=w^4$ 的整数解,而是将方程两边除以 w^4,然后研究坐标 (r,s,t) 下的曲面 $r^4+s^4+t^4=1$。这种曲面类似于椭球体和立方体的结合(图 2.3)。

方程 $x^4+y^4+z^4=w^4$ 的整数解对应于曲线 $r^4+s^4+t^4=1$ 的有理解 $r=\dfrac{x}{w}$, $s=\dfrac{y}{w}, t=\dfrac{z}{w}$。反过来，如果给定方程 $r^4+s^4+t^4=1$ 的有理解，可以假设 r、s、t 都有相同分母 w，通过通分得到 $x^4+y^4+z^4=w^4$ 的一组整数解。"

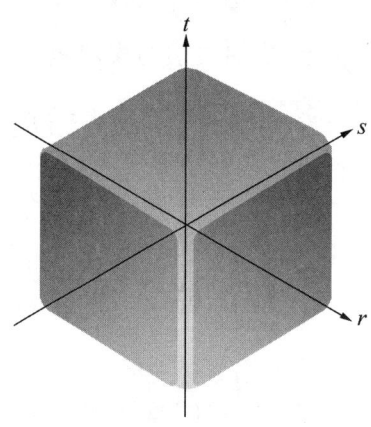

图 2.3　埃尔基斯曲面

与费马曲线 $X^4+Y^4=1$ 不同，三个坐标 (r,s,t) 均为有理数的点在这个曲面上是密集的

"是的，是的，很清楚了。"对于像费马这样的人来说，这样的简单解释也足够清楚了。

"一位俄罗斯数学家德米亚年科（V. A. Demjanenko）找到了一个非常复杂的条件，来确定一个点 (r,s,t) 是否在相关的曲面 $r^4+s^4+t^4=1$ 上（参见知识栏 2.4）。解决这个问题只需要证明 t 可以是一个平方数。一系列的简化操作表明，只要方程：

$$Y^2 = -31\,790X^4 + 36\,941X^3 - 56\,158X^2 + 28\,849X + 22\,030$$

知识栏 2.4

德米亚年科证明，当且仅当变量 x、y、u 满足如下条件时，$r^4+s^4+t^4=1$ 成立

$r = x+y$

$s = x-y$

$(u^2+2)y^2 = -(3u^2-8u+6)x^2-2(u^2-2)x-2u$

$(u^2+2)t = 4(u^2-2)x^2+8ux+(2-u^2)$

有一个有理数解，就可以做到这一点。这类方程有一个通用的理论，称为椭圆曲线理论。在某些条件下，这些方程可能不存在解。而在这个问题上，这些条件并不成立，这表明解可能存在。在这个阶段，埃尔基斯尝试用计算机进行搜索，并找到了解。

$$(X,Y) = \left(-\frac{31}{467}, \frac{30\,731\,278}{467^2}\right)$$

通过这个解，他得出了有理解

$$(r,s,t) = \left(-\frac{18\,796\,760}{20\,615\,673}, \frac{2\,682\,440}{20\,615\,673}, \frac{15\,365\,639}{20\,615\,673}\right)$$

即 $2\,682\,440^4 + 15\,365\,639^4 + 18\,796\,760^4 = 20\,615\,673^4$，这直接推翻了欧拉对于四次幂的猜想。"

"所以即使在这里，也需要使用一个'计算机'？"费马的羽毛笔嗖嗖作响地滑过书页边缘，有些严肃地说道："你那个年代的数学家

们不再用自己的头脑思考了吗?"

"大部分时间是这样。就在这里,埃尔基斯先用头脑思考,然后以比简单的试错搜索更聪明的方式使用了计算机。计算机是帮助数学家的工具,而不是取代数学家。"

"我明白了。还有其他的解吗?"

"是的。在这种情况下,有无穷多个解。椭圆曲线的理论利用了曲线的几何性质,提供了一种从已知的有理点构造新有理点的一般方法(图 2.4)。"

"这可不是什么新方法。我在巴舍(Bachet)先生的作品中见过类似的方法。"

"它确实有很长的历史,尽管我怀疑你可能认不出它的最一般形式,即阿贝尔簇。当然我偏题了。通过应用这个构造的一种变形形式,埃尔基斯证明了存在无穷多组解。事实上,他证明了在曲面 $r^4 + s^4 + t^4 = 1$ 上存在许多有理点。这些点在整个曲面上是密集的。也就是说,曲面的任何一个微小的区域都必然包含一个有理点——尽管这些数会很大。这个几何构造产生的第二个解是……"(我写下了知识栏 2.5 中的内容)。

"这些数确实很大,令人印象深刻。我满意地注意到它们是通过纯思考而不是计算机搜索得到的。"他开始抄下那四个巨大的数,但停了下来,纸上没有多余的空白空间了。

"这个故事有个有趣的转折,"我希望转移他的注意力——我必须抢到那本书!但如果我偷了它,后人就不会知道费马曾经拥有过一本

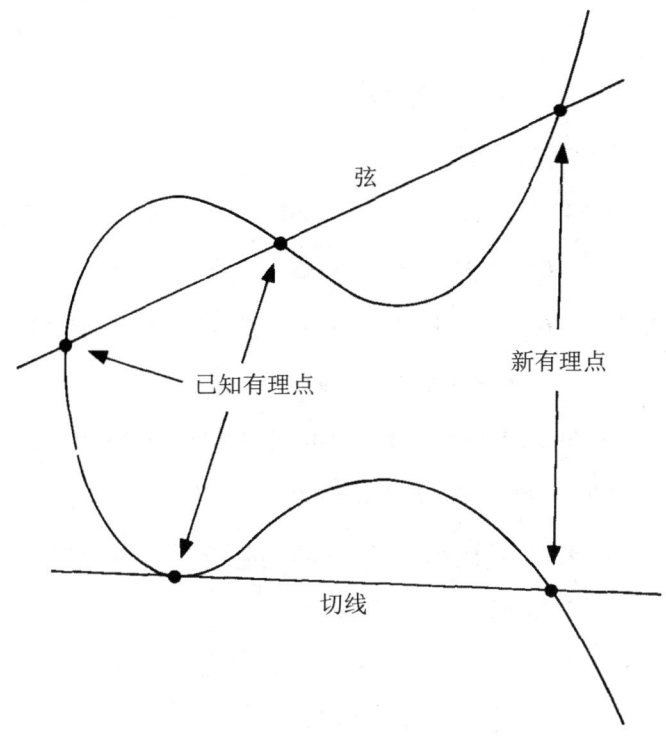

图 2.4

如果在椭圆曲线上两个有理点之间绘制一条直线,这条直线与曲线的第三个有理点也必须是有理点。如果在椭圆曲线上的一个有理点处绘制一条切线,这条曲线会再次与曲线相交于一个有理点。这个弦和切线的过程因此可以从已有的有理点生成新的有理点,是几何学应用于数论的一个例子

《算术》……所以我最好还是继续谈下去,"在埃尔基斯发现有一个解后,思维机器公司的弗莱(Roger Frye)进行了一次彻底的检索。在大型分布式计算机上耗费了 100 个小时……"

"思维机器?分布式计算机?未来的世界只有机器吗?"

"差不多吧。我们生活在机器堆里,从吃饭、开车到乘飞机都离

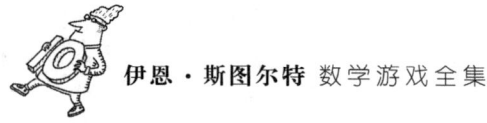

知识栏 2.5

埃尔基斯的第二组解,当

$x = 1439965710648954492268506771833175267850201426615300442218292336336633$

$y = 4417264698994538496943597489754952845854672497179047898864124209346920$

$z = 9033964577482532388059482429398457291004947925005743028147465732645880$

$w = 9161781830035436847832452398267266038227002962257243662070370888722169$

则

$$x^4 + y^4 + z^4 = w^4$$

不开机器……"

"飞?你开玩笑吧。"

"……还用机器与地球另一边的人交流。大型分布式计算机是一种超级计算机,能够每秒执行数百万次计算。通过这种'杀鸡用牛刀'的方式,弗莱找到了一个更小的解——事实上,这是可能的最小解。"(参见知识栏 2.6)

知识栏 2.6

$95\,800^4 = 84\,229\,075\,969\,600\,000\,000$

$217\,519^4 = 2\,238\,663\,363\,846\,304\,960\,321$

$414\,560^4 = 29\,535\,857\,400\,192\,040\,960\,000$

$422\,481^4 = 31\,858\,749\,840\,007\,945\,920\,321$

"所以最终还是计算机赢了。"

"真了不起。数百万次计算……但这个故事让我再次思考。我可以改进欧拉的猜想。因此,对于每个 n,设 $s(n)$ 是存在 $s(n)$ 个 n 次幂的最小数,它们的和是一个 n 次幂。因此 $s(2)=2$,因为两个平方数相加可以得到一个平方数。而 $s(3)=3$,因为三个立方数相加可以得到一个立方数,而两个立方数则不行。欧拉先生的猜想是 $s(n)=n$,但你说这是错误的。事实上,$s(4)=3$,因为埃尔基斯先生的例子证明了 $s(4)\leq 3$,而我的四次幂定理证明了 $s(4)\neq 2$。"

"兰德和帕金的结果表明 $s(5)=4$。"我说道。

"反对!"作为一名职业律师,费马说反对的样子非常专业,"这只能证明 $s(5)\leq 4$。"无论是看到法律上还是数学上的漏洞,费马都会立刻察觉。"根据你告诉我的,我们知道 $s(5)$ 至少是 3。三个五次方相加能够得到一个五次方吗?"

"不知道,听起来不太可能。"

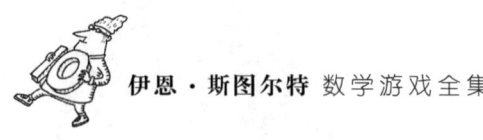

"或许吧。但不管怎样,计算每个 n 的 $s(n)$ 是一个有趣的问题。当然,也有一些简单的结果,例如 $s(6)$ 最多为 64,大致可以推断 $s(n)$ 最多为 2^n。"

"因为 $2^6=1^6+\cdots+1^6$,有 64 个 1。一般地,$2^n=1^n+\cdots+1^n$,有 2^n 个 1。"

"完全正确。我无法相信这样粗略的估计是最优的,尽管它们可以证明 $s(n)$ 对于每个 n 都是有限的。"

奇偶把戏与帕斯卡分形

问　题

2. 你能改进这些估计值吗？例如，如果你能找到 10 个七次方之和等于一个七次方，那就证明了 $s(7)$ 小于 10。这比费马的估计值 128 要好得多。你可能会想要试一下。

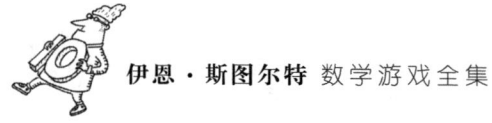

  费马对此非常兴奋,开始把书架上的书都拿下来,寻找可以注释的空白处。我赶紧向前一步,抓起那本《算术》,把写着注释的书页边缘撕下来一大片,然后将纸扔进火盆里——我必须不惜一切代价避免悖论的发生!

  费马过了一会儿才平静下来,他最终理解了我为什么这么粗暴地撕掉了他的注解。他坐着,凝视着火焰,表情难以捉摸。

  然后,他的表情……变了。

  就像暴风雨过后乍见的阳光一样。

  "一个证明!"他大喊,"我找到了最后定理的证明!这是巧妙而优雅的……让我在边缘写下来!见鬼,时间旅行者!你已经把我的书页边缘撕得稀烂,没有地方可以写下这个证明!哦,我把那堆法律文件放在哪儿了?"

  我悄悄离开了房间,穿过时空扭曲通道回到现代。

  时间悖论是件有趣的事情。

答 案

1. 费马方程的近似解

满足 $x^3+y^3=z^3-1$ 的例子:

$$6^3+8^3=9^3-1$$

1988年5月,英国博尔哈姆伍德的惠特曼(T. Wightman)还给我提供了另外两个例子:

$$720^3+242^3=729^3-1$$

$$729^3+244^3=738^3+1$$

由于 $729=3^6$,所以这两个例子中似乎暗示了某些特殊规律。当然,这组数字也解了下列方程:

$$x^3+y^3=z^{18}-1$$

$$x^{18}+y^3=z^3+1$$

实际上,方程 $x^3+y^3=z^3\pm 1$ 有无穷多个解。为了找到这些解,我们考虑更一般的方程 $x^3+y^3=z^3+w^3$。已知,该方程的一般有理解为

$$x=k[1-(a-3b)(a^2+3b^2)]$$

$$y=k[(a+3b)(a^2+3b^2)-1]$$

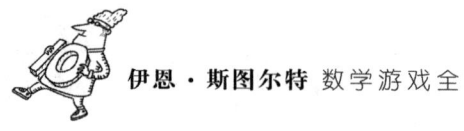

$$z = k[(a+3b)-(a^2+3b^2)^2]$$
$$w = k[(a^2+3b^2)^2-(a-3b)]$$

其中 a、b 和 k 是有理数，调整 a、b 和 k，使 x、y、z、w 均为整数且其中之一为 ± 1。例如：设 $k=1$，$a=3b$，这样就有 $x=1$。

满足 $x^4+y^4=z^4\pm 1$ 的例子：

我不知道方程 $x^4+y^4=z^4\pm 1$ 是否存在解，也不知道是否有该方程不存在解的证明存在。也许有人已经知道答案。通过试错法找到的近似解有

$$7^4+8^4=9^4-64$$
$$21^4+36^4=37^4-64$$
$$11^4+15^4=16^4-270$$
$$37^4+37^4=44^4+226$$
$$53^4+62^4=69^4-304$$
$$167^4+192^4=215^4+192$$

满足 $x^3+y^3=z^2$ 的例子：

$x^3+y^3=z^2$ 的一个解是 $1^3+2^3=3^2$。

按照下列步骤操作，可以找到无穷多个解：取任意两个整数，例如 2 和 3。计算 $2^3+3^3=8+27=35$。将原方程乘以 35 得到

$$(2\times35)^3+(3\times35)^3=35\times35^3=35^4=(35^2)^2$$

即

$$70^3+105^3=1225^2$$

你可以选择任意两个整数作为 x 和 y，这个方法始终适用。

满足 $x^2+y^2=z^3$ 的例子：

$x^2+y^2=z^3$。你可以试一下，思路是一样的：选择任意两个整数，例如 1 和 2。那么 $1^2+2^2=5$。将方程乘 5 得到 $5^2+10^2=5^3$。同样，你可以选择任意两个整数作为 x 和 y，这个方法始终适用。

满足 $x^5+y^5+z^5=w^5$ 的例子：

对于这个方程我不知道是否可能有解。

2. $s(n)$ 的估计值

首先介绍一个相关的问题——华林问题。1770 年，华林（Edward Waring）提出：每个整数最多可以表示为 9 个立方数之和、19 个四次幂之和，以此类推。根据他的猜想，数论家定义了一个函数 $g(n)$，表示每个数 k 可以表示为 $g(n)$ 个 n 次幂之和的最小值。因此，华林的猜想是 $g(3)=9$，$g(4)=19$，并且间接提出 $g(n)$ 对于所有 n 都是有限的。这个猜想后来被希尔伯特(David Hilbert)证明。

巧的是,"较小的"数字 k 反而需要异常多的 n 次幂之和。因此,数学家们又提出了一个更合理的函数 $G(n)$,它表示除了有限个数之外,所有数 k 都可以表示为 $G(n)$ 个 n 次幂之和。为了找到 $G(n)$,数学家们已经做了大量的工作。例如,1958 年,陈景润证明了 $G(n) \leq n(3\ln n + 5.2)$。1984 年,巴拉苏布曼尼安(R. Balasubramanian)和莫佐奇(C. J. Mozzochi)改进了这一结果,得到了:

$$G(n) \leq \frac{\ln 108 + 3\ln n}{\ln\left(\frac{n}{n-1}\right)} - 4$$

其他数学家对各种小 n 进一步改进了这一结果,其中,沃恩(R. C. Vaughan)在 1986 年做出的贡献尤其突出,已知的 $G(n)$ 最佳界限是

n	4	5	6	7	8	9	10	11	12	13	14	15
$G(n) \leq$	19	21	31	45	62	82	102	120	135	150	166	181

显然,只需要取 k 为一个非常大的 n 次幂,我们就能发现函数 $s(n) \leq G(n)$。因此,$G(n)$ 的表格也给出了 $s(n)$ 的取值范围。然而,当 $n \geq 6$ 时,

更有可能是

$$s(n)<G(n)$$

已知对于 $n=4$ 和 5，这是成立的，因为 $s(4)=3$ 且 $s(5)\leq 4$。对于 $n=6$ 和 7 也是如此。例如，韦尔斯(David Wells)在《企鹅奇妙数字字典》(*The Penguin Dictionary of Curious and Interesting Numbers*)一书中指出：六次幂可以是 7 个六次幂之和。最小的例子是

$$1141^6=74^6+234^6+402^6+474^6+702^6+894^6+1077^6$$

因此，$s(6)\leq 7$。对于七次幂，我们有

$$102^7=12^7+35^7+53^7+58^7+64^7+83^7+85^7+90^7$$

表明 $s(7)\leq 8$。这是最小的等于 8 个七次幂之和的七次幂。

比利时鲁汶大学的冈泽(X. Gonze)给我来信提出如下发现：

$$12^8=2\times 11^8+3\times 5^8+4^8+4\times 3^8+2^8+23\times 1^8$$

$$5^9=7\times 4^9+6\times 3^9+19\times 1^9$$

$$7^{11}=5\times 6^{11}+3\times 5^{11}+4\times 4^{11}+39\times 2^{11}$$

这就表明 $s(8)\leq 34, s(9)\leq 32, s(11)\leq 51$。

总结一下，对于 $s(n)$，我们目前已知的最佳

界限是

n	4	5	6	7	8	9	10	11	12	13	14	15
$s(n)$	3	4	7	8	34	32	102	51	135	150	166	181

其中，$n=10$ 和 $n>12$ 时，$s(n)$ 的界限来自 $G(n)$，但观察数字的规律后，我们会强烈地感受到，这些界限未免太大了。

韦尔斯的书中还有两个值得注意的结果：

最小的一个可以写为 5 个四次幂之和的四次幂是

$$5^4 = 2^4 + 2^4 + 3^4 + 4^4 + 4^4$$

最小的一个可以写为 5 个五次幂之和的五次幂是

$$72^5 = 19^5 + 43^5 + 46^5 + 47^5 + 67^5$$

此外，冈泽还发现了：

$$125^6 = 118^6 + 93^6 + 2 \times 78^6 + 48^6 + 42^6 + 18^6 + 2 \times 6^6$$

这些例子并没有改进对 $s(4)$, $s(5)$ 和 $s(6)$ 界限的估计值，但它们之所以引人注目是因为所涉及的数值很小。

第 3 章
帕斯卡分形

奇偶把戏与帕斯卡分形

这是一个真实的故事，其中的人名也是真实的，并没有为了保护隐私而采用化名——因为正如冯内古特（Kurt Vonnegut）在《泰坦星的海妖》(the Sirens of Titans)中指出的那样，保护隐私不过是一种高高在上的例行公事。

灵感往往来自意想不到之处。不久前，我在阅读蔡廷（Gregory Chaitin）的《算法信息理论》(Algorithmic Information Theory)，这是一本关于算术逻辑结构中随机性的非凡而激励人心的著作。不过，我不想在这里谈论算法信息理论；事实上，我想谈论的是算术结构中的规则性。无论如何，蔡廷的书中有一张图，我认出来了，但还有一个定理，我不认识。

这张图和这个定理都是关于帕斯卡三角形的。帕斯卡三角形是由数字组成的三角形阵列（图 3.1），其左右边界都是 1，并且每个数字是它上方两个数字之和。它可以用以下符号表示：

$$g \searrow \quad \swarrow d$$
$$g + d$$

第 n 行的第 k 个数字（n 和 k 都是从零开始计数）是二项式系数

$C(n,k)$。这些数字作为 $(1+x)^n$ 的展开式中的系数出现,并因此得名。例如,

$$(1+x)^4 = 1+4x+6x^2+4x^3+x^4$$

对应了帕斯卡三角形的第四行。二项式系数在数学中都很重要。

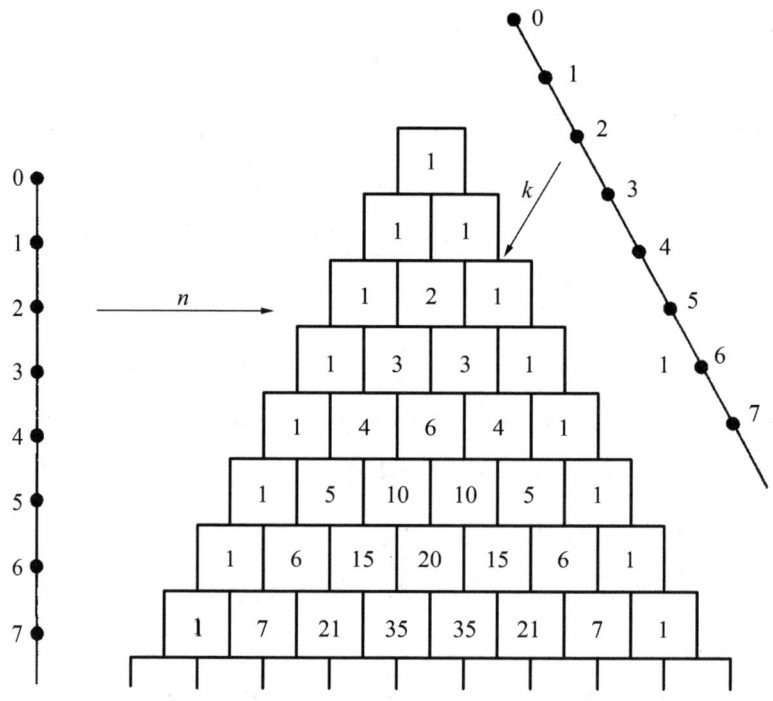

图 3.1 帕斯卡三角形:每个数字都是位于其上方的两个数字之和

二项式系数有时是偶数,有时是奇数。你要如何判断呢?这就是蔡廷书中的图和定理所涉及的内容。

我们可以将帕斯卡三角形绘制成由正方形的格子垒起的网格,就像三角形墙上的砖块一样。接下来,我们对这些格子进行涂

色——如果格子上的数字是奇数,就把格子涂黑,而如果格子上的数字是偶数,就把格子涂白。有趣的是,你并不需要算出每一块格子的具体数值才能涂色!实际上,你只需要记住上面的涂色要求,并结合下面的数学规律:

1 是奇数,

奇数+奇数=偶数+偶数=偶数,

奇数+偶数=偶数+奇数=奇数。

换句话说,帕斯卡三角形的左右两侧需要涂成黑色。然后,根据上方两个格子的颜色来决定当前格的颜色,如果上方的两个格子颜色相同,那么这个格子就涂成白色,如果颜色不同,就涂成黑色。这样一来,填满整个三角形不需要很长时间。

涂色结果见图 3.2。它是由黑白组成的复杂而精巧的三角形图案。这一结果与谢尔宾斯基三角形非常相似。谢尔宾斯基三角形的

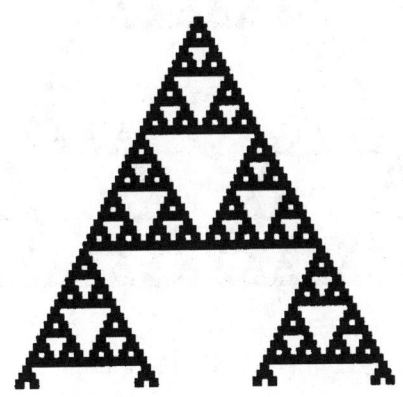

图 3.2 帕斯卡三角的涂色规律:白色表示偶数,黑色表示奇数

制作方法是：从一个黑色三角形开始，将其分成四个相等的三角形，将中间一个三角形涂成白色；然后在三个较小的黑色三角形上重复此过程。如此无限重复下去（图3.3）。

谢尔宾斯基三角形属于一类被称为"分形"的几何对象。分形是指不论被放大多少倍，都保留着细节结构的图形。举个例子，完美球体的表面放大后是光滑的平面，因此它并不是一个分形。然而，谢尔宾斯基三角形中的任何一个小三角形都可以无限放大，且无论放大多少倍，其放大后的局部都与原三角形一样。所以谢尔宾斯基三角形是一个分形。

图3.3
谢尔宾斯基三角形：将三角形不断分为四个较小三角形而得来的分形

当我们把一个有着许多行数的帕斯卡三角形进行黑白涂色，并从很远的距离进行观察时，我们会发现它的样子与谢尔宾斯基三角形几乎一模一样。这是多么有趣的巧合啊！

在整数中,奇数和偶数出现的频率是相等的。随机选择一个数字,它是偶数的概率是 $\frac{1}{2}$,是奇数的概率同样也是 $\frac{1}{2}$。所以,你可能想当然地认为帕斯卡三角形中的数字也是如此：一半是偶数,一半是奇数。而现在我们通过观察图 3.2 中的颜色可以得知：帕斯卡三角形中,偶数出现的概率是其中白色部分的比例,奇数出现的概率是黑色部分的比例。

随着帕斯卡三角形的行数增加,其奇数、偶数出现的概率会越来越接近相应谢尔宾斯基三角形中黑色、白色的比例。因此,我们可以问一个问题：谢尔宾斯基三角形的白色部分的比例是多少呢？在我透露答案之前,请暂停片刻思考一下。

好的,我来说答案。首先,我们回忆一下谢尔宾斯基三角形是如何构建的：首先,我们绘制一个面积为 1 的黑色三角形。接下来,在其中涂一个面积为 $\frac{1}{4}$ 的倒置白色三角形,这样就留下了 3 个面积为 $\frac{1}{4}$ 的黑色小三角形。此时,黑色部分的面积为原三角形的 $\frac{3}{4}$。再然后,我们在每个黑色小三角形中再画出白色小小三角形,这就使得黑色部分的面积缩小到 $\frac{3}{4} \times \frac{3}{4}$。不断重复这个过程后,越来越多的区域被涂成白色,于是黑色部分的面积缩小到 $\frac{3}{4} \times \frac{3}{4} \times \cdots \times \frac{3}{4}$。随着操作

的次数越来越多,黑色部分的面积最终趋向于0。

换言之,谢尔宾斯基三角形的黑色部分总面积为0,白色部分总面积为1。

对应到帕斯卡三角形的话,这就意味着组成它的"砖"几乎全部是偶数。在非常大的帕斯卡三角形中,奇数出现的概率非常接近于零。因此,通过从分形角度思考谢尔宾斯基三角形再应用到帕斯卡三角形,我们发现了上述令人惊讶的事实。

那么这个事实又能让我们推导出什么共性的规律呢?奇数和偶数是"模算术"的特殊情况。下面,我来讲一下这个概念的含义。

首先,我们任意选取一个数字作为模数。例如,我们选择5作为模数。将所有数字替换为除以5后的余数。由于余数必须小于5,因此这时所有的数字都只剩下了0、1、2、3、4。在这个简化的数系中,我们仍然可以进行算术运算。例如,你可以任意选择这样的两个数字,然后做加法,只要记住要把所得的和除以5,再取余数。这种运算被称为模5算术,记为(mod 5)。在这套运算规则下,2+2和原本一样等于4,但3+4=2。这是因为3+4=7,而7除以5余2。

模数为5的加法表如下:

+	0	1	2	3	4
0	0	1	2	3	4
1	1	2	3	4	0
2	2	3	4	0	1
3	3	4	0	1	2
4	4	0	1	2	3

除了5以外,你也可以任选一个非0自然数作为模数,实际上还可以进行乘法运算,但在这里我们不需要用到。

奇数和偶数的区别实际上就是模2的运算——偶数除以2后余数为0,而奇数除以2后余数为1。因此,所有的偶数都是0(mod 2),而所有的奇数都是1(mod 2)。

因此,我们还可以对图3.2进一步扩展。例如,我们可以问"帕斯卡三角形在模5下是什么样的?"或者用任何其他数字替换"5"来问同样的问题。各种模数的结果如图3.4所示。其中白色方块对应于余数为0的数(即模数的倍数),而其他所有值则为黑色。你可以自己生成帕斯卡三角形,使用帕斯卡三角形的涂色规则,但使用你选择的模数算术表进行加法运算,最后得到对应的帕斯卡三角形。这些帕斯卡三角形同样有非常有趣的图案。

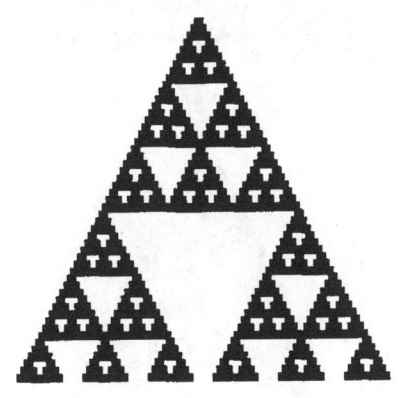
3

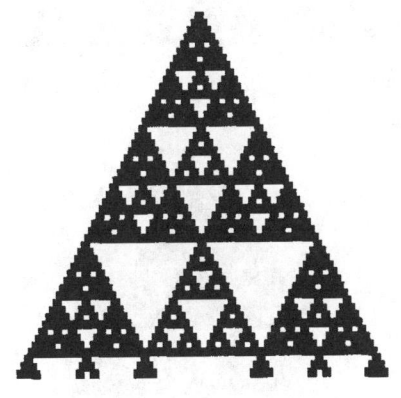
4

(接下页)

伊恩·斯图尔特 数学游戏全集

5

6

7

8

9

10

(接下页)

12

图3.4

帕斯卡三角形在模数为3、4、5、6、7、8、9、10、12时产生的图案,在模数为素数(3、5、7)时,图案往往更简单

您也许想要尝试创作自己的图案。如果是这样,你可以有很多种方法去探索新的领域,你可以试试:

1. 更改涂色规则

例如:如果在第 n 行的第 k 个单元格,当 $C(n,k) \equiv 1 \pmod{5}$ 时将其涂成黑色,会发生什么?或者,更大胆地说,如果使用着色方案 $0=$ 白色,$1=$ 红色,$2=$ 黄色,$3=$ 蓝色,$4=$ 黑色呢?

2. 更改模数

在模3、模11、模1001时会发生什么?

3. 改变规则

你可以试一下,如果帕斯卡三角形的左右两条边上的格子上的字不再都是1,而是两个不同数字,并且每个格子上的数字不再是其上方两个数字之和,而是上方两个数字之差。

$$g \searrow \quad \swarrow d$$
$$g-d$$

或者使其等于左边的数字加上右边数字的两倍:

$$g \searrow \quad \swarrow d$$
$$g+2d$$

即使没有计算器,也能完成这个计算。只要模数不太大,你可以用笔算轻松地得到三十或四十行。

言归正传,刚才我们解释了蔡廷书中的图。但书中的定理更有趣——你完全不需要计算相应二项式的系数,也能够预测一个单元格是黑色还是白色。

为了解释这个定理,我需要另一个概念:给定基数的数字表示法。通常的数字写法是以 10 为基数(或十进制)记数法。例如,十进制下,

$$321 = (3 \times 10 \times 10) + (2 \times 10) + (1 \times 1)$$

而在七进制下,同样写为 321 的数则代表

$$(3 \times 7 \times 7) + (2 \times 7) + (1 \times 1)$$

它等于十进制中的 162。

需要特别说明的是,计算机是以二为基数,或者说二进制的。在二进制中,只有 0 和 1 这两个数字。表 3.1 显示了数字 0 到 10 的二进制表示法。

表 3.1

十进制	二进制
0	0
1	1

(续表)

十进制	二进制
2	10
3	11
4	100
5	101
6	110
7	111
8	1000
9	1001
10	1010

假设我们有两个二进制表示的数 n 和 k，将它们上下对齐排列，对应位对齐。例如，如果 $n=1001$（十进制为 9），$k=101$（十进制为 5），那么写作

$$1001$$
$$101$$

在二进制下，k 的每一位上的数字都小于或等于 n 在对应位的数字，那么我们就可以说 k 蕴含于 n，记作 $k \to n$。

换句话说，如果 $k \to n$，那么在任何一位上都不存在

$$0$$
$$1$$

的排列。

反之，则记为 $k \not\to n$。（之所以使用"蕴含"一词，是引用了计算机

逻辑判断的术语)

例如,我们看看为什么 5 ↛ 9。我们看从右往左的第三位,出现了 0 在上,1 在下的情况,所以 5 ↛ 9。

反过来,我们有 21→23,因为

10111

10001

第二行的每位数字都小于或者等于第一行中对应的数字。

由蔡廷提出的定理——正如他自己所说,最初是由法国业余数学家卢卡斯(Edouard Lucas)在一个世纪前就提出并证明了的:

卢卡斯定理

帕斯卡三角形第 n 行第 k 个格子的数字 $C(n,k)$ 的奇偶性满足:

$k ↛ n$ 时,为偶数;

$k → n$ 时,为奇数。

有了这个定理,我们就能快速且准确地校验 $C(n,k)$ 的奇偶性。例如,因为 21→23,所以 $C(23,21)$ 必定是奇数。事实上 $C(23,21) = 253$,结果成立!为了进一步验证,我们再举一个例子。例如,要确定 $C(17,5)$ 的奇偶性,我们将它们转换为二进制:

17 = 10001

5 =   101

用 0 填充底部的数字,使它们长度相同:

$$17 = 10001$$

$$5 = 00101$$

注意从右往左数的第三位,可见 $5 \not\to 17$。因此,$C(17,5)$ 是偶数。实际上 $C(17,5) = 24\,752$,确实是一个偶数。

如果你有兴趣,也可以检验一下卢卡斯定理对其他场景是否适用。结果非常有趣,但在这里我们就不给出证明了。卢卡斯定理的意义在于,它将帕斯卡三角形的算术性质与二进制和模 2 联系在一起。通常情况下,数的特性并不依赖于其在特定进制系统下表示方式,但在这里却是如此。

卢卡斯定理是否能推广到模数不等于 2 的情况?让我们试试看。

我们先来看看模 3 的情况。帕斯卡三角形模 3 的模式如图 3.5 所示。其中,第 n 行的第 k 个单元格的涂色规律如下:

如果 $C(n,k) \equiv 0 \pmod{3}$,则该格涂白色;

如果 $C(n,k) \equiv 1 \pmod{3}$,则该格涂黑色;

如果 $C(n,k) \equiv 2 \pmod{3}$,则该格点一个圆点。

显然,模 3 下的帕斯卡三角形中也存在一定的规律,这种规律绝不是随机的。那么,我们是否能通过规律来预测每个格子的颜色,而不是通过逐一计算来涂色呢?

卢卡斯定理将 $C(n,k) \pmod{2}$ 与 n 和 k 的二进制表示联系起来。我们尝试将 $C(n,k) \pmod{3}$ 与 n 和 k 的三进制表示联系起来。

图 3.5
模 3 下的帕斯卡三角形。白色 = 0(mod 3),黑色 = 1(mod 3),圆点 = 2(mod 3)

我们先尝试十进制下的第 11 行,即 $n=11$,它在三进制中是 102。接下来,我们写出 $n=11$ 时的 $C(n,k)(\bmod 3)$

k　　0　1　2　3　4　5　6　7　8　9　10　11(十进制)
$C(11,k)$　1　2　1　0　0　0　0　0　0　0　1　2　1(mod 3)

将 n 和 k 表示为三进制,并按照 $C(n,k)(\bmod 3)$ 的结果进行分类,我们得到了以下结果。

$C(n,k) = 0(\bmod 3)$:

n	102	102	102	102	102	102
k	010	011	012	020	021	022

$C(n,k) = 1(\bmod 3)$:

n	102	102	102	102
k	000	002	100	102

$C(n,k) = 2(\bmod 3)$:

n	102	102
k	001	101

为了方便起见，我们将 k 再次在左侧填充额外的零，让每个数字具有相同的位数。

与二进制时完全一致，我们设 $k \to n$ 表示 k 的每个位都小于或等于 n 的对应位的数值，但这次我们使用了三进制。只有 $k=000,001,002,100,101$ 和 102 时，能满足 $k \to 102$。与上述结果进行比较，我们发现这些情况恰好是 $C(n,k)$ 为 1 或 2(mod 3) 的情况。换句话说，$C(n,k)=0 \pmod 3$——也就是 $C(n,k)$ 是 3 的倍数，当且仅当在 n 和 k 的三进制表示中，$k \not\to n$。

我们没有证明这一点，但如果验算一下，你会发现它总是成立的。它可以被认为是卢卡斯定理的推广。因为卢卡斯定理说的是当且仅当二进制下 $k \not\to n$ 时，$C(n,k)=0 \pmod 2$。我们只是将"2"更改为"3"。

然而，一个数不是奇数就是偶数。因此在模 2 的情况下，卢卡斯定理已经给出了完整的信息。但在模 3 时，我们的推广则不足以给出全部信息。因为当 $k \to n$ 时，$C(n,k) \pmod 3$ 可能等于 1 或 2。此时，我们该如何进一步判断呢？

在继续阅读之前，你不妨稍加停顿，动手研究一番。我来给你一个提示：假如在 n 和 k 的对应位中，在某个数位上，n 为 2，k 为 1，我们就称其为"关键对"。我们不妨记录下"关键对"的数量。

答案在下面。这是我对于广义卢卡斯定理的初步尝试。看起来非常奇怪!

广义卢卡斯定理（mod 3）

$C(n,k)\pmod 3$ 等于：

0，如果 $k \not\to n$；

1，如果 $k \to n$ 且关键对的数量为偶数；

2，如果 $k \to n$ 且关键对的数量为奇数。

例如，如果你想计算 $C(62,30)\pmod 3$，你只需要写成下面这样：

$$n = 62(十进制) = 2022(三进制)$$

$$k = 30(十进制) = 1010(三进制)$$
$$\qquad\qquad\qquad\quad\uparrow\uparrow$$

首先，$k \to n$，所以结果是 1 或 2。通过箭头标记的"关键对"有两对。由于 2 是偶数，我们知道 $C(62,30)$ 必然等于 $1\pmod 3$。

这很有意思。$C(62,30)$ 是一个有 18 位数字的数，我不知道确切的值是多少。但我知道它模 3 的值！

为了更好地验证这个定理，让我们尝试计算 $C(14,10)$。我们有

$$n = 14(十进制) = 112(三进制),$$

$$k = 10(十进制) = 101(三进制)。$$
$$\qquad\qquad\qquad\quad\uparrow$$

这一次，同样有 $k \to n$，但只有一对"关键对"。因为 1 是奇数，所以 $C(14,10)$ 必然等于 $2\pmod 3$。实际上 $C(14,10) = 1001 = 999+2 =$

奇偶把戏与帕斯卡分形

3×333+2，所以我是对的。

现在，我们至少已经知道了模 3 的结果，但我们仍有疑惑。为什么结果会依赖于关键对？数学的本质不仅仅是知道答案，更是关于理解。所以，这背后真正的原理是什么呢？

当我开始思考其他模数时，我找不到任何类似"关键对"的方法来解决这个问题。我想不出来。当然，这在数学研究中并不罕见。于是我打算向他人请教。我向同事琼斯（John Jones）介绍了模 3 的情况。琼斯是一位拓扑学家，所以我本以为他不太可能接触过组合数论中的这个定理——但数学处处有惊喜。

"是的，我听说过，"他说，"这个问题在拓扑学中非常重要。你可以在爱泼斯坦（Epstein）和斯廷罗德（Steenrod）合著的《上同调运算》（*Cohomology Operations*）一书中找到关于任何素数模的答案。"他是对的。（巧的是，爱泼斯坦的办公室就在我办公室走廊的尽头。生活中真是处处有惊喜。请继续阅读，还有更多故事。）第二天，计算机科学系的帕特森（Mike Paterson）告诉我现代计算机科学鼻祖高德纳（Donald Knuth）的经典著作《计算机程序设计艺术》（*The Art of Computer Programming*）第一卷中也包含了这一结果。两天后，我收到了《数学信使》（*The Mathematical Intelligencer*）第 10 卷第 2 期杂志——在第 56 页上，有一篇由斯维德（Marta Sved）撰写的长文。这篇文章画了许多和我这里相似的图，介绍了适用于任何模数的一般定理，并讨论了相关问题，比如斯特林数。

这么短的时间里，我竟然从这么多不同来源得到了答案！这让

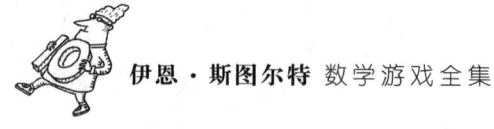

我深刻体会到数学的统一性与多样性,信息爆炸带来的挑战,以及宇宙中不可避免的"反常性"。

尽管如此,让我告诉你真正的广义卢卡斯定理是什么——它告诉我们如何计算组合数 $C(n,k)$ 对任意素数模数 p 的值。它所蕴含的数学思想,可比关键对要高级多了。相比之下,关键对更像是临时拼凑出来的解决方案,而广义卢卡斯定理揭示了更深层次的模式。

让我通过具体例子来描述这个定理。假设你想计算 $C(216, 159)(\bmod 7)$,首先,将 216 和 159 用 7 进制表示,也就是说,将它们表示为"$a×49+b×7+c$"的形式,并记作 abc。结果如下:

216(十进制)= 426(七进制),

159(十进制)= 315(七进制)。

将它们上下对齐写出来:

426

315

这就形成了由列给出的 3 个二项式系数 $C(4,3)$,$C(2,1)$ 和 $C(6,5)$。计算结果为

$$C(4,3)=4$$
$$C(2,1)=2$$
$$C(6,5)=6$$

将结果相乘,可得 $4×2×6=48$。最后,求出模 7 的结果为 6。这就是答案。

这一方法适用于任何素数模数。如果 n 小于 k,得出"不可能"

的二项式系数 $C(n,k)$，那么你必须将它们视为零。

这与现在被质疑的关键对方法如何契合？关键对方法曾用于解决模 3 的问题。答案是：每个关键对都会为我们想要的值贡献一个因子 2，而非关键对总是贡献因子 1，而当 $k \to n$ 时，因子为 0。现在，$2 \times 2 = 1 (\bmod 3)$，成对的 2"相互抵消"了！如果有偶数个 2，则所有因子的乘积为 1，而如果只有奇数个 2，则乘积为 2。你看，关键对是故弄玄虚罢了。

因此，如果 2 的个数是偶数，则所有因子的乘积为 1，否则为 2。关键对是误导！

这就告诉我们一个道理：当你找到一组规律后，不要止步不前。也许还有更深层次的规律在等着你！

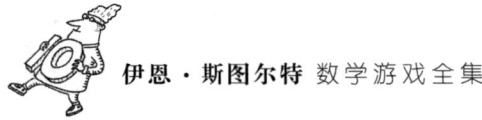

问　　题

1. 选择任意模数 m。对于以 m 进制表示的数字 k 和 n,如果 k 的每一位数字小于或等于 n 的相应位的数字,则定义 $k \rightarrow n$。对于卢卡斯定理 $(\mathrm{mod}\ 2)$ 的一种可能推广是:当且仅当 $k \nrightarrow n$ 时,$C(n,k)$ 等于 $0\,(\mathrm{mod}\ m)$。这是真的吗?

奇偶把戏与帕斯卡分形

问　题

2. 如果不是,那么对于哪些 n 是成立的?

3. 如何确定 $C(n,k) \pmod 4$?

4. 如何确定 $C(n,k) \pmod 5$?

5. 如何确定 $C(n,k) \pmod 6$?

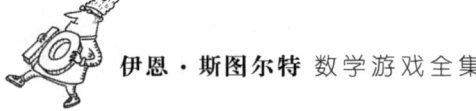

答 案

1. 否。例如,以 4 为基数,那么 $2 \not\to 4$。因为 2 的四进制表示为 02,而 4 的四进制表示为 10,但 $C(4,2)=6$,6 模 4 等于 2,而非 0。

2. 广义卢卡斯定理指出,答案涵盖了所有素数模数。

3. 因为 $4=2^2$,所以这可以纳入素数幂模数的一般范畴。在这种情况下,结果同样令人满意,但要复杂得多。请参见进阶读物。

4. 因为 5 是素数,所以这里可以直接套用广义卢卡斯定理。

5. 这个问题可以分为两部分来解答。想要计算一个数模 6 的值,只需分别计算它模 2 和模 3 即可。具体可见表 3.2。

表 3.2

mod 2	mod 3	mod 6
0	0	0
0	1	4
0	2	2
1	0	3
1	1	1
1	2	5

例如,当且仅当某个数等于 $1\pmod 2$ 和 $2\pmod 3$ 时,才等于 $5\pmod 6$。因此,我们可以很容易通过 $C(n,k)$ 模 2 和模 3 的值来推测 $C(n,k)\pmod 6$。根据广义卢卡斯定理,通过将 n 和 k 表示为二进制、三进制的方法,就可以将对应的值计算出来。

所以,现在两种不同的进制进入了我们的视野。亲爱的读者,如果你可以仅通过 n 和 k 的六进制展开来回答问题 5,请务必来信告知我,我一定会备受震撼的!

第 4 章
虫妈妈又来了

奇偶把戏与帕斯卡分形

虫爸爸亨利又一次蜷缩在他最喜欢的壁炉边的扶手椅上，读着报纸上的财经版面："虫妈妈，今天虫虫木业的股票下跌了一个点，虫虫百货的表现要好一些，而虫虫矿业则真的涨得很猛……"

"亨利，你很清楚我们没有持有任何股票！现在放下报纸，把你的注意力放在真正重要的事情上。"

"好的，亲爱的，"亨利不情不愿地收起报纸，"你说的真正重要的事情是指什么？"

"关于我妹妹沃玛的生日礼物的问题。"虫妈妈安妮-莉达说道。

"啊，是的。买一双袜子怎么样？"

"我们是虫子，要一双袜子做什么呢？"

"那就一只袜子，手工针织袜那种。"

"亨利，去年我们送她的就是手工针织袜。"

"左脚的还是右脚的？"

"左脚的。"

"那么今年我们可以送她右脚的袜子。"

"亨利，两年前我们就已经送过她右脚的袜子了。不，我想寄给

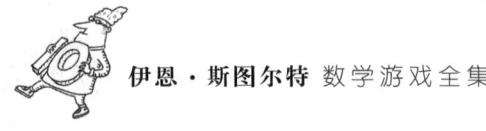

她一些更富有心意的东西,我们得花更多心思。"

"明明就是'我'将更费心思的事,"亨利暗自腹诽,"亲爱的,别担心,交给我吧。我会想出一些真正不寻常的东西!"

"这正是让我担心的地方。"安妮-莉达说。

一周后,亨利提着一个巨大的包裹进洞了。礼物包装得很漂亮。

"这到底是什么?"

"是沃玛的礼物,亲爱的。"

安妮-莉达不屑地看着这个东西说道:"不过,不管是什么吧,总算是个大家伙,不像你在1962年买的那些钩子都坏了的耳环。"

"我本以为钩子没有关系的。毕竟,虫子没有耳朵。你得承认它们非常适合她!"

"没错。就像救生圈一样套在身上。好了,我们不要再争吵了,亨利。你买了什么?"

亨利骄傲地拆开了礼物。

安妮-莉达的尾巴垂了下来。"比萨?"

"世界上最大的比萨,我的宝贝——哪怕送给女王陛下都足够体面!"

"饼底似乎有点薄。"

"世界上最薄的饼底,比纸还薄。所以烤出来以后会是无与伦比的美味!"

"嗯哼。但是亨利,它至少得有一米宽。"

"正好是1米,安妮-莉达。"

奇偶把戏与帕斯卡分形

安妮–莉达不屑地嗅了嗅。"嗯,如果你寄不出去的话,别怪我。"

"用快递寄就好了,"亨利说道,"没有问题的。"

"快递费 5 英镑,"虫虫快递员赫克托报出了价格,但他停顿了一下,戒备地看着包裹,"除非……呃,打扰一下,先生,那个包裹有多大?"

"1 米宽。"

"你说的是宽?"

"任意两点间的最大直线距离。"

"天哪!"

"你说的'天哪'是什么意思?"

"你所说的'宽'应该是我们邮寄术语里称为直径的东西(图 4.1)。现在我必须通知您,先生,如果直径小于 1 米,就没有问题。但邮政规定只能运输直径小于 1 米的包裹。"他拿出一把巨大的卡尺,仔细测量了包裹。"是的,正如我所怀疑的那样,它的直径正好等于 1 米,而非小于 1 米。所以我不能揽收这个包裹。"

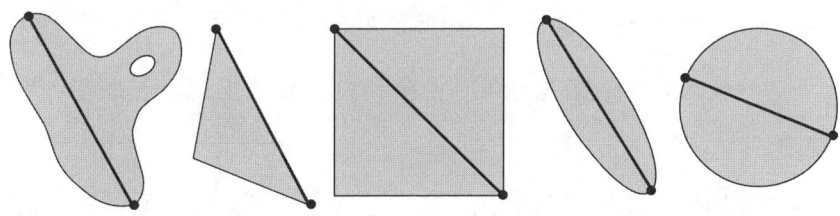

图 4.1 平面图形(或高维图形)的直径是任意两点间的最大直线距离

"看,让我们理性一点,"虫爸爸亨利说,"我可以把包裹切掉一点。"

"是的,先生,但这可能不会减小最大宽度。先生,我举个例子:

假设这个比萨是一个直径为 1 米的完美圆形,那么稍微切掉一小部分意味着这个比萨在一个方向上变小了,但在其他方向上仍然是 1 米(图 4.2)。"

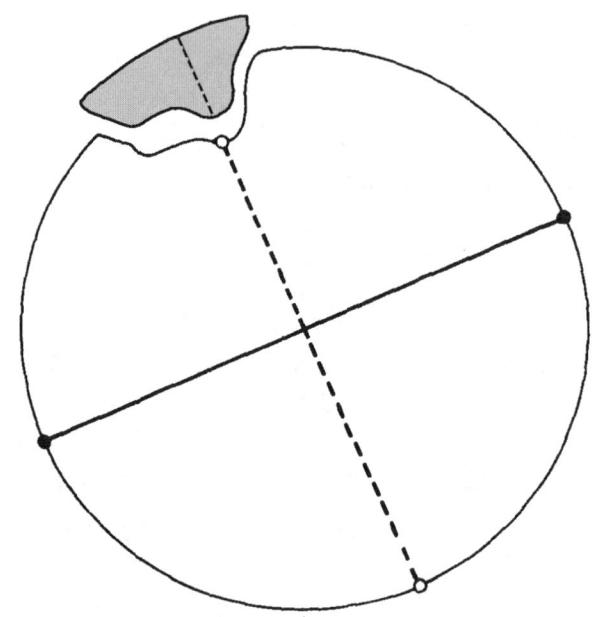

图 4.2 切掉圆的一小部分并不会减小它的直径

"我觉得它不是**完美的**圆形。"亨利说,"对我来说看起来有点不规则。"

"原理是一样的,"赫克托不以为意地说,"当然,你可以把它切成片来寄送。"

"呃,"亨利咕哝道。"说到切,这可真让我浑身不自在。当我还是个胎儿的时候,我的母亲差点被割草机撞到,就差那么一丁点儿,我就得一分为二了⋯⋯但你说得对,我可以⋯⋯呃⋯⋯把它切成两块。"

"那可能行不通,先生。如果你把一个1米的圆形切成两块,那么至少有一块的直径仍然是1米(图4.3)。"

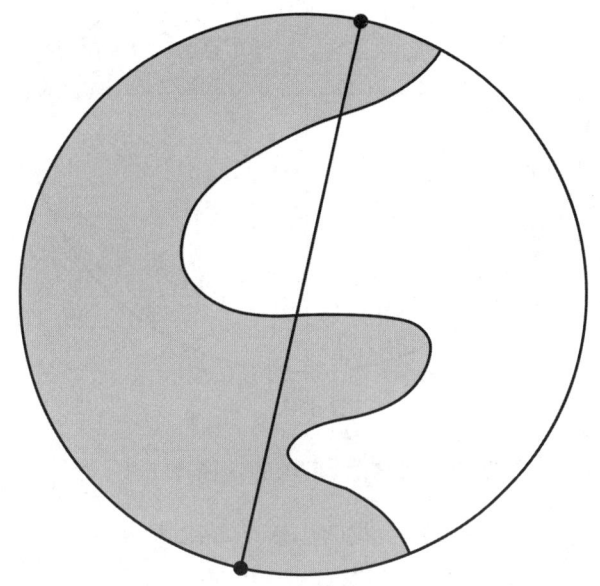

图4.3
如果将一个直径为1的圆切成两块,至少一块会包含两个相对的点,其距离等于圆的直径1

"好吧,那就切成四块。应该没问题了(图4.4)。我没记住直径是多少,但肯定小于1米了。"

"很好,那就是20英镑,先生。"

"什么?!"亨利沃姆一脸绝望地尖叫道。

"统一价格,先生,每个包裹5英镑。"

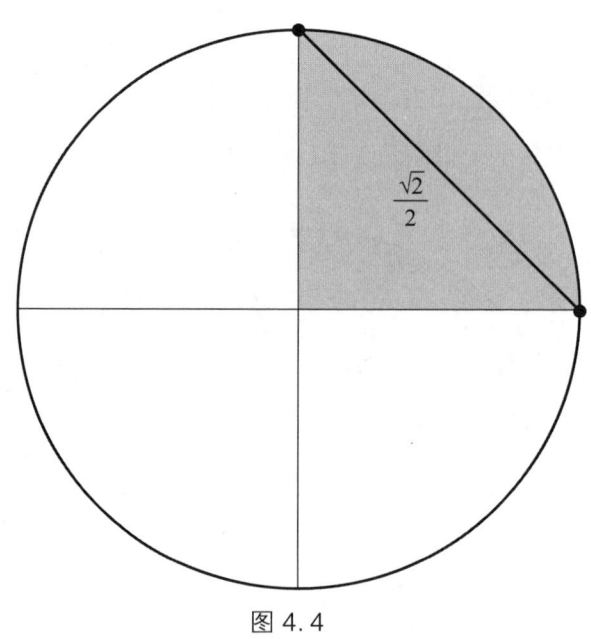

图 4.4

一个直径为 1 的圆被切成四块后,每块的直径比 1 小,为 $\frac{\sqrt{2}}{2} = 0.7071\cdots$

"我才不会花 20 英镑给我的小姨子寄比萨!比萨本身才 3 英镑而已!"

"那你就得切成更少的块数。如果我是你,我会切成尽可能最少的块数。"

"好主意!"亨利说道,"这是你目前为止说得最有用的一句话了,但切成几块呢?"

这位虫虫快递员抬起头,对着天花板边思索边说道:"对于一个圆形比萨来说,是 3 块(图 4.5)。但我不知道这有没有什么普遍适用的公式。这取决于它的形状,你懂吧?"

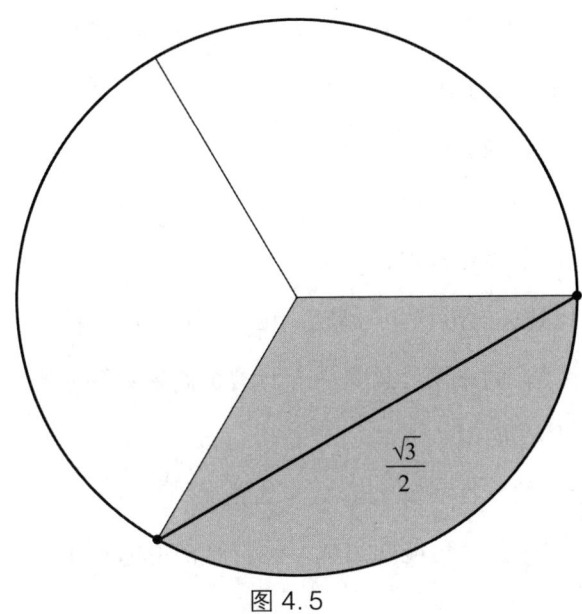

图 4.5

一个直径为 1 的圆被切成 3 块,所得块的直径为 $\frac{\sqrt{3}}{2}=0.8660\cdots$,也小于 1

"别管形状,能适用于任何形状的最小块数是多少块?我知道如何切成 4 块,但也许没必要切那么多块。另一方面,你的圆形例子表明两块不够……那么最小的块数要么是 3,要么是 4。"

"这我就一无所知了。"虫虫快递员说道。

"我也不知道,"亨利说道,"但是,与你不同,我有一个好奇和聪明的头脑。我会找到答案的。"

亨利盘坐在他最喜欢的椅子上,在一张纸上烦躁地写写画画。

"亲爱的亨利,你到底又在那里写什么呢?"

"呃,这是一个数学问题,亲爱的。"

"哦。"

"给定一个平面图形,其直径为1个单位,你必须将它切成几块,使每块直径都小于1单位。"

"直接切成丁就好了,亨利。"

"是的,亲爱的,那样肯定没错,但邮费会很贵!"

"亨利,你在说什么邮费……"

"我想找到任何形状如何都适用的最小切分块数。亲爱的,这就是我正在'涂鸦'的东西。这是一个具有极高智力深度的问题。"

"亨利,你在胡说八道。"

"啊,亲爱的。答案要么是3,要么是4。"

"亨利,但你怎么可能知道呢?你自己都说你不知道它是什么形状的!"

"呃,但我可以证明,任何直径是1的图形,一定可以被嵌在一个边长为1的正方形内。要理解这一点,可以将这个形状尽可能地紧贴在一个直角处[图4.6(a)]。然后,它不会超过与直角边平行且距离为1的两条线[图4.6(b)],因为如果它超出了,直径就会超过1米。"

"我同意你说的,这很显然,亨利。"

虫爸爸亨利得意洋洋地说:"当天才思想被清晰地指出时,即使最迟钝的头脑也可以理解它们。"

但是虫妈妈立刻发出了质疑:"也许是这样没错。但是你天才级的大脑还没有足够清晰地解释你为什么想要用一个正方形将这个形状围起来。"

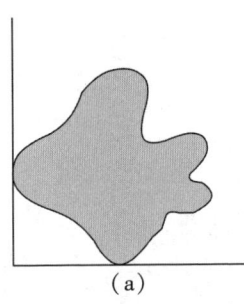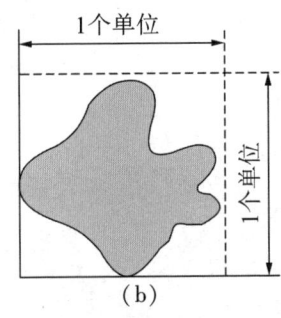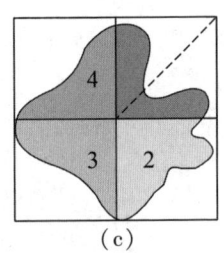

图 4.6

(a) 任何形状都能紧密地靠住某个直角；(b) 如果它的直径为 1，则不可能超出两条与直角边平行且距离为 1 个单位的两条线，因此这个图形嵌在一个单位正方形内；(c) 这样的正方形可以切成四个直径为 $\frac{\sqrt{2}}{2}=0.7071\cdots$ 的小块，因此原始的形状也可以切成四个这样的小块

"啊……嗯……，如果我把边长为 1 的正方形切成四块，那么这个形状也会被切成四块[图 4.6(c)]。每个小块的直径最多为 $\frac{\sqrt{2}}{2}\approx 0.7071$，小于 1。因为这是较小正方形的对角线长度。"

"你知道吗，亨利，有时候你所谓的聪明不过是自以为是……你能把一个边长为 1 的正方形切成直径小于 1 的三块吗？"

"我认为不行。"亨利说。

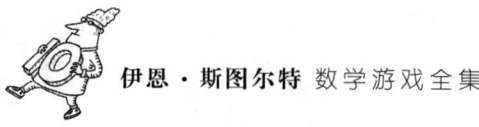

问　　题

1. 边长为1的正方形能否切成直径小于1的三块？

"也许你可以用一个更小的形状来代替正方形,这样就可以将它切成直径小于1的三块——一个在角上没有突出那么多的形状。"

亨利不得不承认,这的确是个不错的主意……但是他应该用什么形状呢？他重新在自己的笔记本上开始涂鸦。很快,一个想法开始成形。

"安妮-莉达,我相信一个正六边形是可行的！看,假设我可以用对边距离为1个单位的六边形将这个形状包围起来[图4.7(a)]。然后,我可以将其切成三个直径小于1的部分[图4.7(b)]。"我不确定这样的六边形是否普遍存在,但是……(尝试了一下)嗯……对于沃玛的比萨,确实存在这样的六边形！"

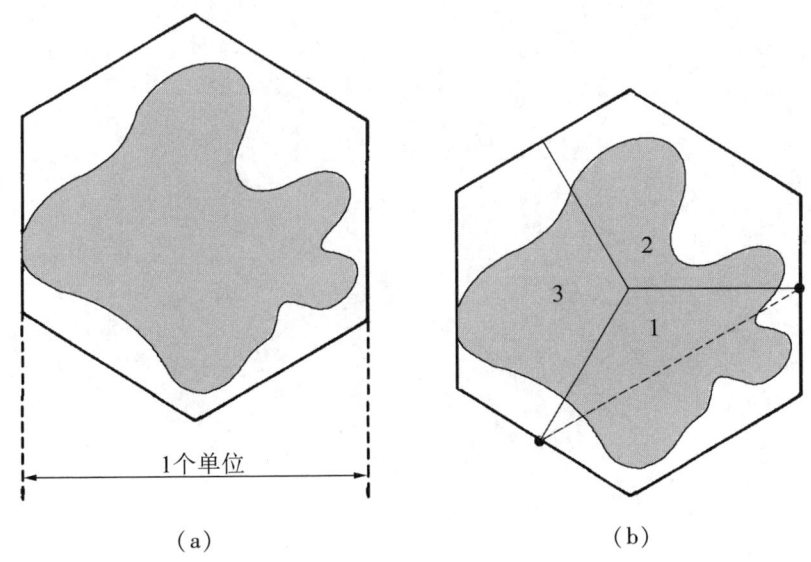

图 4.7
(a) 用一个对边距离为1个单位的正六边形将直径为1的形状包围起来;
(b) 切割成三个直径小于1的部分

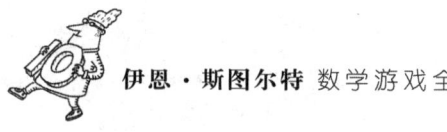

问　题

2. 如图4.7所示，将六边形切分成这样三个多边形后，其直径分别是多少？

"你现在就应该给沃玛寄礼物了,亨利。即使你还没有完成整个证明。"

"当然,亲爱的。"

"亨利?"

"什么事,亲爱的?"

"别忘了,下周是妈妈的生日。想想我们能给她寄什么。"

"一块手帕?"

"亨利,别傻了。毛毛虫又没有鼻子。"

亨利暗想,其实我是想用它堵住你妈妈的嘴巴……

两天后,亨利又拖着一个包装精美的大包裹进入洞里。

"那是什么东西?"

"给你妈妈的礼物,亲爱的。"

安妮-莉达又一次怀疑地看着包裹:"嗯,至少你弄到了一个大东西,无论它是什么,"她说。"顺便问一下,它是什么?"

亨利自豪地打开了礼物。

安妮-莉达的尾巴耷拉下来:"奶酪?"

"这是世界上最大的奶酪,亲爱的。"

"亨利,它的直径至少有 1 米。"

"哦,肯定没有那么大的,安妮-莉达。"

安妮-莉达嗤之以鼻:"那么,如果你在寄送过程中遇到麻烦,别怪我。"

"快递可以寄奶酪,"亨利说,"没有问题……"

"运费是5英镑,"虫虫快递员赫克托说。他停顿了一下,警惕地看着包裹。"除非……嗯,不好意思,先生,但那个包裹有多大?"

"你说的'大'指的是什么?"

"直径,先生。它的任意两点之间的最大直线距离,就像对于平面图形一样,先生。"

"刚刚好不到1米。"亨利愉快地说。

"让我测量一下吧,先生……嗯……我的测量结果是正好1米。"

"先生,我们的快递管理规定说……"

"别说了!把它切成三块总行了吧!"

虫虫快递员赫克托拿起包裹,从几个方向盯着它看。"我不确定三块够不够,先生。"

"但我刚刚证明了三块……"

"是的,先生。对于平面图形,是的。"

"哦。"

"这个包裹是邮局所说的庞大物品,先生。可以理解为一个三维的包裹。"

"我开始明白问题在哪了。"

"如果这个包裹是一个球形的奶酪,比如说高达干酪。那么你不可能通过将其切成三块来满足邮局的规定。"

奇偶把戏与帕斯卡分形

问　题

3. 为什么不能将一个球形奶酪切成三块来满足邮局的规定？

"另一方面,切成四块就够了。"(图 4.8)

"好吧,那就把它四等分吧。"

"先生,您似乎没有仔细看图。四等分是不可行的。"

"那就八等分,这样就可以了。每个直径为 1 的立体都能放进一个棱长为 1 的立方体中——证明方法与二维情况类似。所以如果我们将这个立方体切成 8 个大小相等的小立方体,那么这些小立方体的直径将小于 1……因此原始立体的每个小块都能符合要求。很好,就这样切吧。"

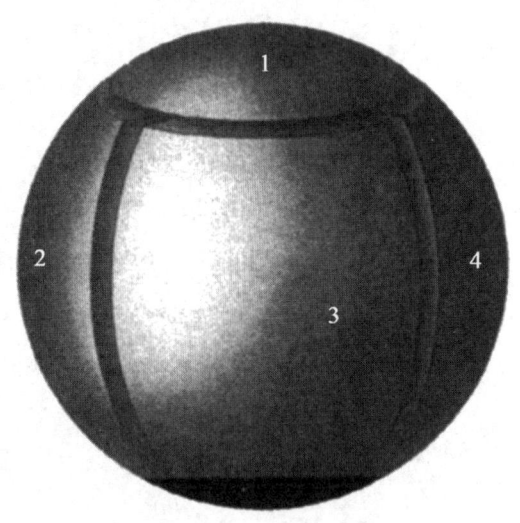

图 4.8　如何将一个直径为 1 的球体切分为四块,且每块直径小于 1

奇偶把戏与帕斯卡分形

问　　题

4. 将一个棱长为 1 的立方体切成 8 个大小相等的小立方体，小立方体的直径是多少？

"好的,先生。那么邮费是 40 英镑。"

"什么?但这块奶酪只要 7 英镑!我还是先把奶酪拿回去,再试一下怎么切吧。"

但是立体几何的复杂性对亨利来说太难了。因此,他去找了一位朋友,在专利局工作的一位名叫爱虫斯坦的普通小职员,他似乎有点数学头脑。亨利发现他站在黑板前,写下一堆公式,然后急躁地擦掉:"$E=ma^2$……不,荒谬!$E=mb^2$?好一点,但也不对,根本不对。$E=m$……"

"嗨,爱虫斯坦!抱歉,你是不是在忙什么重要的事,我没有打扰你吧?"

"不打扰,亨利!我只是在想一个我还没完全想明白的问题……很高兴再次见到你。"然后亨利解释了他的问题。

"博苏克!"爱虫斯坦脱口而出。

"你也一样!"虫爸爸亨利以为那是什么骂人的话,很是气愤地回应。因此,爱虫斯坦不得不解释他并没有冒犯的意思。亨利遇到的问题属于组合几何学的范畴,即形状的排列。这个问题最初由波兰数学家博苏克(K. Borsuk)在 1933 年提出,因此被称为博苏克问题。爱虫斯坦告诉他,这个问题在二维和三维的情况下已经得到解决,但对于四维或更高维的情况仍未解决。

博苏克问题是要寻找将 n 维空间中任何直径为 1 的集合都可以切成的最小片数,满足每片的直径严格小于 1。1933 年,博苏克证明了对于平面图形,切成三块总是足够的。他的证明与亨利的方法相同。亨利的猜想——任何直径为 1 的平面集合都可以被对边距离为 1 的正六边形包围，这个猜想在 1920 年被匈牙利数学家帕尔(J. Pál)证明了。正如亨利意识到的那样，博苏克问题在平面上的答案呼之欲出：对于平面上的集合，切成三块总能满足要求。

对于三维空间中的集合，情况是否也相同？博苏克和虫虫快递员赫克托得出了相同的观察结果："不行"。直径为 1 的球体无法分割成每块直径都小于 1 的三个部分。1933 年，博苏克猜想四块足以满足任意三维空间中的集合，并且更一般地，在 n 维空间中，$n+1$ 块就足够了。但他无法证明这些猜想。

1955 年，埃格尔斯顿(H. G. Eggleston)首先取得了进展，他证明了博苏克在三维空间中是正确的，但他的证明冗长且复杂。1957 年，格林鲍姆(Branko Grünbaum)通过使用类似于帕尔六边形的技巧简化了这个证明。1953 年，盖尔(David Gale)证明了帕尔定理的三维类似定理：每个直径为 1 的立体可以被一个对立面距离为 1 的八面体包围。格林鲍姆使用了盖尔八面体而不是帕尔六边形。他证明，如果像图 4.9 一样切掉八面体的三个角，则它仍然可以包含任何直径为 1 的立体。最后，他找到了一种方法将生成的多面体切割成四个直径小于 1 的部分（图 4.10）。这个被包含的立体也因此被分解成四个（或更少）直径小于 1 的部分。

"那么，这个直径是多少呢？"

"最宽的部分的直径是

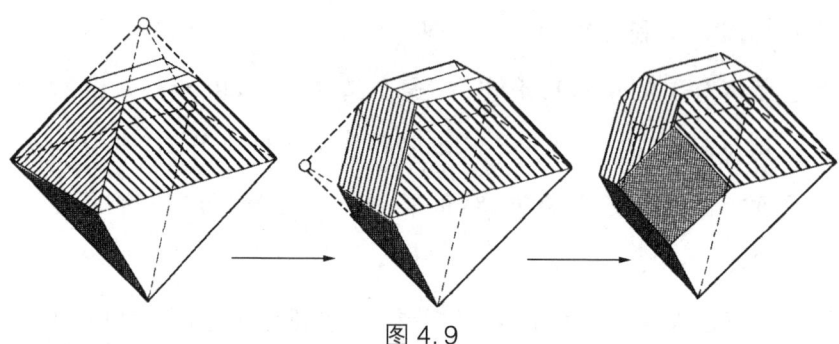

图 4.9

每个直径为 1 的立体形状都可以被一个格林鲍姆多面体包围,这个多面体是通过从一个盖尔八面体上切割某些部分来得到的(其中相对的面之间距离为 1 单位)

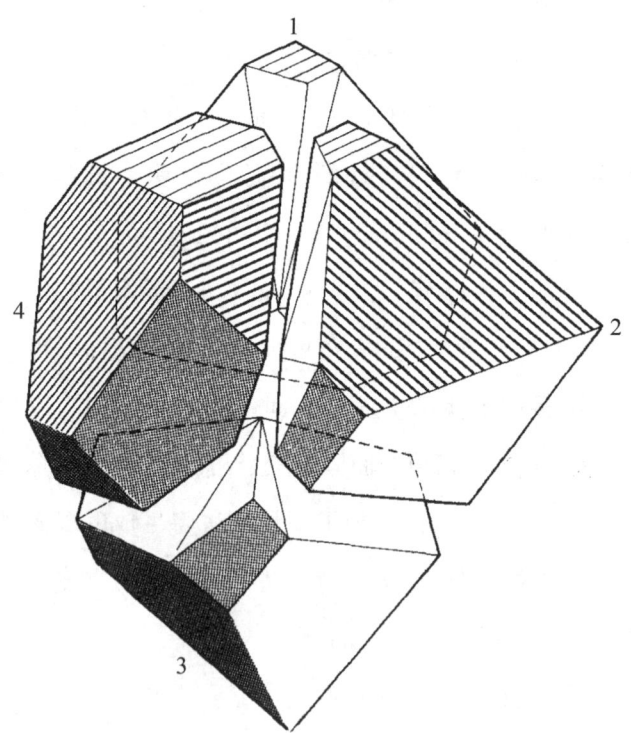

图 4.10 格林鲍姆多面体可以被切成四个部分,每个部分的直径小于 1

$$\frac{\sqrt{6\,129\,030 - 937\,419\sqrt{3}}}{1518\sqrt{2}}$$

大约为 0.9887。"

对此，虫爸爸亨利大受震撼。

"是的，组合几何学是具有欺骗性的。有许多看起来很简单但仍然是悬而未决的问题。在四维或更高维的空间中，博苏克问题仍然未被解决。"

"真的吗？"

"事实上，已知在一般情况下至少需要切成 $n+1$ 块，但尚不清楚是否在某些精心选择的直径为 1 的集合中，可能需要超过 $n+1$ 块才能将其切成直径较小的部分。已知这样的集合必须有尖锐的角，1946 年，哈德威格（H. Hadwiger）证明了对于具有光滑边界的凸集合，博苏克的猜想成立。"

"那么即使在四维空间中，博苏克的猜想仍未得到证明？让我看看，那就是说，四维空间中直径为 1 的集合可以被切割成 5 个直径小于 1 的部分。嗯……听起来似乎值得一试！我敢打赌我可以接近解决……"

"可能吧。"爱虫斯坦说道。

"能不能试试我用的正方形和立方体中的论证思路呢？用单位超立方体包围这个形状，并将其切割成十六个半尺寸的小块？"

"不行，亨利，那个方法不再适用了。在四维空间中进行思考并不容易。通过将单位超立方体切成三份，你可以证明切成 81 块就足以满足条件。但这样一来，块数显然太多。"

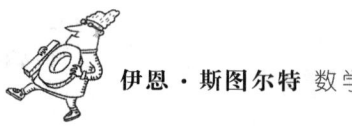

问　题

5. 为什么这个方法行不通？提示：利用"超长方体"的"超对角线"公式，边长为 a、b、c、d 的超长方体，根据广义毕达哥拉斯定理，其超对角线的长度为 $\sqrt{a^2+b^2+c^2+d^2}$。

"那么,是否有适用于所有维度的一般规律呢?"亨利问道。

"还真有。"爱虫斯坦点头表示赞同。丹泽尔(Danzer)证明了在 n 维空间中,需要的块数如下:

$$\sqrt{\frac{(n+2)^3}{3}} \cdot (2+\sqrt{2})^{\frac{n-1}{2}}$$

当 n 为 4 时,结果为 55。但我相信在四维空间中你可以做得更好。"

"让我想一想……无论如何,爱虫斯坦,谢谢你的帮助。"

"小事一桩,不值一提。对了,你进来的时候我在干啥来着?"

"呃……好像是 $E=md^2$……。"

"谢谢,嗯,任何人都能看出这不行!所以接下来是 $E=me^2$……不对,不对,这太糟糕了。你知道吗,在你到来之前,我真的觉得我快要成功了,但现在感觉好像与重大突破擦肩而过了……"

问　题

6. 你能否改进四维空间中的结果,找到更少的块数?

奇偶把戏与帕斯卡分形

答　案

1. 你不可能把一个单位正方形切割成直径都小于 1 的三块，因为四个角中至少有两个角必须属于同一块，而这两个角之间的距离至少为 1 个单位或更多。

2. 六边形的三个部分直径为 $\frac{\sqrt{3}}{2} = 0.8660\cdots$。

3. 如果你把一个球切成三块，那么至少有一块必须包含两个直径相对的点。这个证明过程很长，但不需要技术知识。请参阅进阶读物。

4. 每个小立方体的直径为

$$\sqrt{\left(\frac{1}{2}\right)^2 + \left(\frac{1}{2}\right)^2 + \left(\frac{1}{2}\right)^2} = \sqrt{\frac{3}{4}} = \frac{\sqrt{3}}{2} = 0.8660\cdots$$

5. 亨利的立方体对半切割方法在四维空间中失败了，因为半尺寸超立方体的对角线长度为

$$\sqrt{\left(\frac{1}{2}\right)^2 + \left(\frac{1}{2}\right)^2 + \left(\frac{1}{2}\right)^2 + \left(\frac{1}{2}\right)^2} = 1。$$

6. 将超立方体在三个方向上分成两半,但在第四个方向上切成三等份。这将得到 24 个较小的超立方体,每个的直径为

$$\sqrt{\left(\frac{1}{2}\right)^2 + \left(\frac{1}{2}\right)^2 + \left(\frac{1}{2}\right)^2 + \left(\frac{1}{3}\right)^2} = \sqrt{\frac{31}{36}} = 0.9279\cdots$$

但也许你可以改进这个方法?

第 5 章
条条平行线通罗马

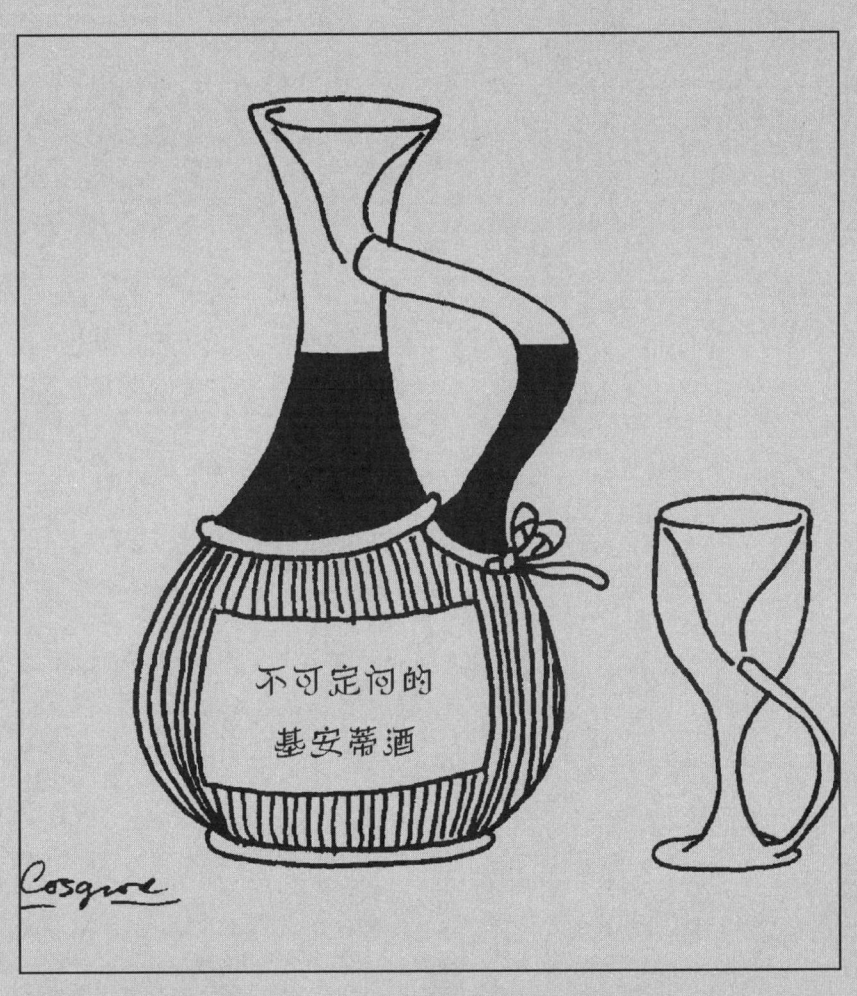

奇偶把戏与帕斯卡分形

有这样一座城市：

最早的公寓大楼诞生于此，但这里如今依然住房紧缺。

最早的公共下水道同样诞生于此，但这里如今依然排水困难。

这座城市早在公元前45年就有了禁止马车在白天驶入市中心的"交规"，但这里如今依然交通拥堵，平均交通速度仅6千米/时，几乎是每条道路上都并排着三辆汽车。

这座城市吵闹、脏乱、债台高筑，却是世界上最美丽的城市之一——简直就是活生生的悖论，难怪有一个"只有一个面"的几何形状要以这个城市的名字命名。

不，世界上并没有一个叫"默比乌斯"的城市。我所说的城市，名叫罗马。

我们坐在威尼托大街上的一张桌子旁，这条街从博尔盖塞别墅的花园蜿蜒而下，一直延伸到巴贝里尼广场。桌上摆着没吃完的午餐意大利面，和两瓶基安蒂酒——一瓶已经喝完，另一瓶也只剩一半。

"幸好基安蒂酒不是用克莱因瓶装的。"我说道。

"我知道克莱因在德语中的意思是'小的',我也同意基安蒂酒不应该是小瓶装的,可是为什么你会突然说德语呢?"恩里科问道。

"这不是德语,而是数学家的玩笑。克莱因瓶的内部同时也是外部。"

"那样就不需要瓶塞了。"艾琳娜说道。

"不,那样酒会一直漏出来。"恩里科说道。恩里科和艾琳娜——他们的英文名是亨利和海伦。但我认为意大利语名字听起来更加优雅。恩里科掌管着一家艺术画廊,而艾琳娜管着恩里科。

"瓶子的内部同时也是外部?这怎么可能呢?"艾琳娜收起笑容,认真地问道。

"这有点复杂,"我说道,"说实话,它实际上并没有内部或外部……而且它并不是一个真正的瓶子。"

"这就说得通了。"

"那么克莱因又是谁呢?"恩里科问道。

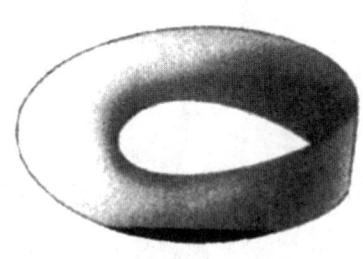

图5.1 默比乌斯环

"克莱因(Felix Klein)是德国最伟大的数学家之一,他是第二个发明'只有一个面的表面'的人。而第一个发明这类形状的是默比乌斯(August Möbius)。我拿了一张纸餐巾,撕下一条窄带,将其转过一个半圈后把两端粘在一起。看,这就是默比乌斯环(图5.1)。不过,默比乌斯环仍然有边缘,而发明于1882年的克莱因瓶没有边缘,是一个

118

封闭的表面[图5.2(a)]。"

"它只有一个面吗?"

"想象一下给这个表面涂上颜色。你从看起来像外部的地方开始,然后继续涂色到这个管子。但是它弯曲了,穿过自己,然后以某种方式变成了内侧。这时你会发现你正在涂色的部分是你最初认为的内部。这个曲面只有一面:所有部分都是连通的。"

"但这是因为它自己穿过了自己。"艾琳娜说道。

"不,这是因为它会内外翻转。我承认,在三维空间中制作模型时,它必须穿过自己。在四维空间中,它不会穿过自身,但它仍然只有一面。当然,你必须学会如何在四维空间中思考才能看到这一点[图5.2(b)]。"

"哦。"

"另一种获取克莱因瓶的方法是将一个'8'字形围绕一个圆圈移动,并在此过程中给它一个半圈扭曲[图5.2(c)]。但那看起来不太像瓶子的形状。实际上,我有一个有关克莱因瓶名称由来的个人观点,我认为最初它被称为克莱因曲面。你看,在克莱因所处的时代,德国数学家们十分热衷于发明新的曲面并以自己的名字命名它们。例如库默尔曲面(Kummersche Flache)和斯坦纳曲面(Steinersche Flache)。其中,'-sche'是德语的所有格词尾,而'Flache'在德语中是'曲面'的意思。所以它可能最初被称为Kleinsche Flache,即'克莱因的曲面'。但它看起来像一个瓶子,而瓶子在德语中是Flasche,所以……"

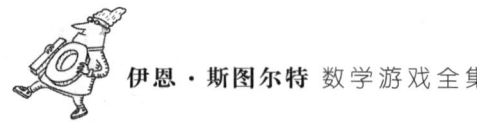

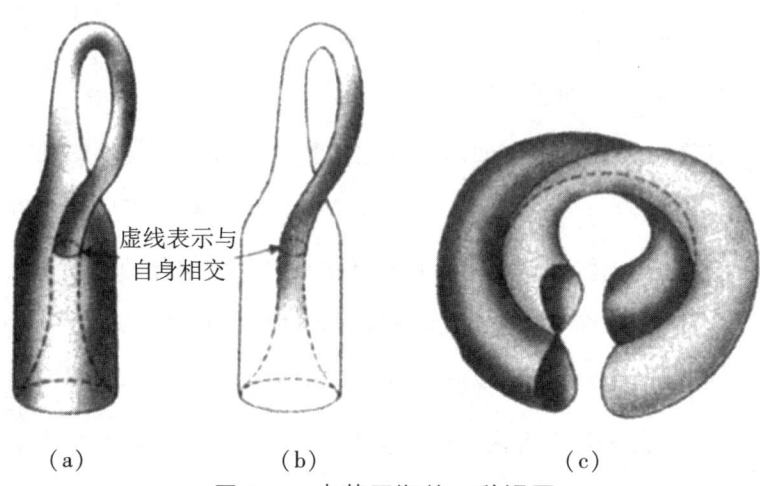

(a) (b) (c)

图 5.2 克莱因瓶的三种视图

(a) 在三维空间中嵌入的视图;(b) 在四维空间中嵌入的视图,第四个维度通过阴影深浅来表示。在三维空间中出现的自交并没有在四维空间中发生(尽管在此图中投影到三维空间看起来是自交的),两个曲面片在第四维度上的位置(也就是它们阴影的深浅)在看起来的相交的地方是不同的;(c) 通过将一个"8"字形自身扭转半圈后连接获得的克莱因瓶,这是一种不太常见的形式。阴影用于区分"8"字形的两个部分

"有个研究生称它为Kleinsche Flasche!"艾琳娜说。"克莱因的瓶子!这是德语的双关语!"

"完全正确。或者可能是被误译了。我知道在希尔伯特和科恩-沃森(Cohn-Vossen)著名的《形象几何学》(*Anschauliche Geometrie*)一书中,他们提到了'克莱因表面,又称克莱因瓶'。所以,也许正是这位希尔伯特发明了这个双关语。"

"很有趣,"恩里科说,"虽然知道这个也毫无用处。"

"别那么斩钉截铁,"我说。"你是经营艺术品的,对吗?"

"没错,你早就知道的。"

奇偶把戏与帕斯卡分形

"意大利的绘画很出名。马萨乔（Masaccio）、卡纳莱托（Canaletto）、戈佐利（Gozzoli）、韦内齐亚诺（Veneziano），弗朗西斯卡（della Francesca）。他们的透视画法很精妙，对吧？"

"透视就是意大利人发明的。"

"确实，透视画法就是在意大利发明的。公元1420年，布鲁内莱斯基（Brunelleschi）最先提出了透视理论。到了1436年，另一位意大利人阿尔贝蒂（Alberti）在其著作《绘画论》（Della Pittura）中描述了透视法的几何原理，将其称为射影几何，它描述了人眼观察世界的方式。在射影几何中，基本曲面被称为射影平面，在射影平面上，不存在平行线：任意两条线都会相交于一个点（图5.3）。"

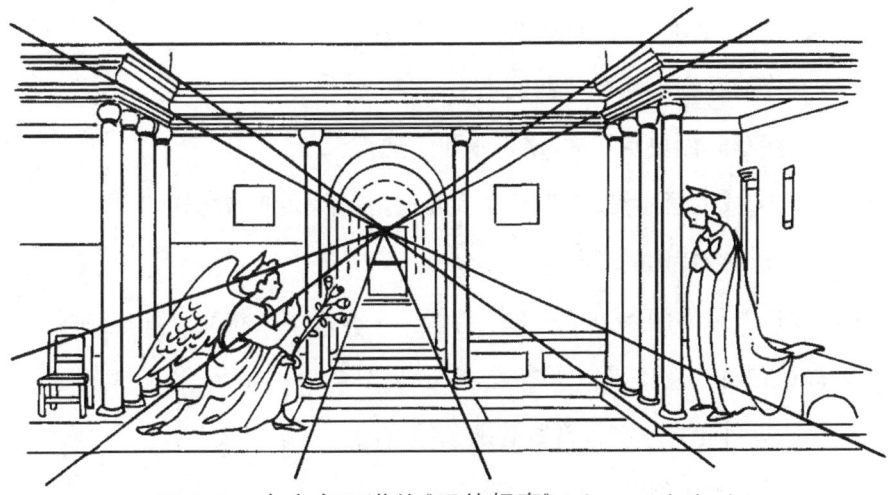

图5.3 韦内齐亚诺的《天使报喜》（Annunciation）
墙壁的边缘，在现实中是平行的，但在视觉上却会在"无限远处"交汇

"太神奇了。"

"此外，正如克莱因于1874年所示，射影平面只有一个面。"

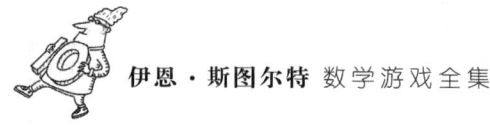

"那对绘画来说不太友好吧。"恩里科说。

"不,你错了。在相同大小的画布上可以画出两倍大小的画作!"艾琳娜指出。

奇怪的是,射影平面的发现远早于克莱因瓶,但在数学界以外几乎无人知晓,而克莱因瓶却广为人知。下面,我们将探讨一些可能的原因。但首先,我们需要熟悉射影平面。

在普通几何学中,任意两个不同点之间仅有一条唯一的直线连接。大多数直线会在唯一的一点上相交,但有些直线,即平行线,不会相交。然而,从正确的视角来看……

我带着恩里科和艾琳娜从威尼托大街走到附近的22号大街,这条路长达四千米,而且非常直。

"你们看到了什么?"我问道。

"堵车。像往常一样,堵得水泄不通。"

"不,我的意思是,有没有看到几何上的什么特殊之处?"

"没什么特别的。"

"这条路的两条边是一对平行线。平行线不会相交。现在,你仔细看看它们,它们看起来像不会相交吗?"

恩里科和艾琳娜故意盯着那条笔直的路看了很久。

"它们确实似乎会相交。"艾琳娜说。

"交点在地平线上。"恩里科说。

"正是如此,"我说,"当眼睛观察平行线时,它们看上去是相交的。在视觉系统的几何学中,并不存在平行线。所以我们需要一种新的几何学,在这种几何学中,任意两条线都会相交。"

"如果这两边的路延伸到足够远,它们会在地平线上的哪个点相交?"

"在大约 50 000 米远。"艾琳娜说。

"在球状的地球上,是的。但在平面上呢?"

"呃,大概在边缘处。"

"到平面的边缘还有很长的距离。"恩里科说。

"无穷远处。"我说。"平行线相交的地方似乎就是无穷远处。在通常的欧几里得平面中,无穷远并不存在。你可以想走多远就走多远,但你永远无法达到无穷远处。但是在射影几何中,你可以做到这一点。为了实现这一点,你必须在平面上添加额外的'理想'点,即在'无穷远处'的点(图 5.4)。那些'无穷远点'形成一条额外的直线,所以你也必须加上这条直线。这样,你得到的就是一个稍微大一点的平面,在这个平面中,任何两个点都由一条唯一的直线连接,任何两条直线都在一个唯一的点相交。"

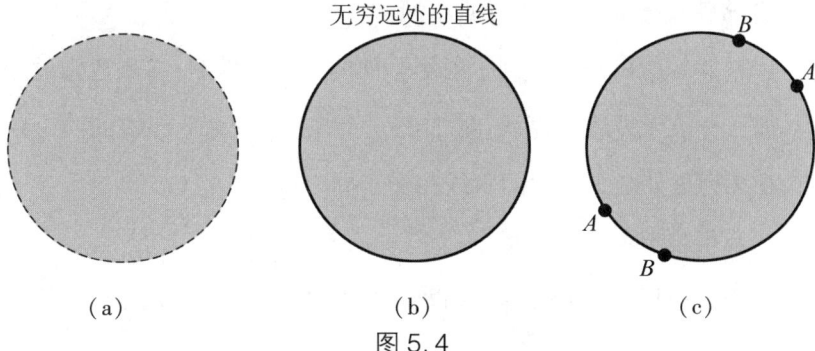

图 5.4

(a) 欧几里得平面;(b) 欧几里得平面上无穷远处的直线;(c) 平面边界上相对的点 AA、BB 表示射影平面中的同一个点,则构成了射影平面

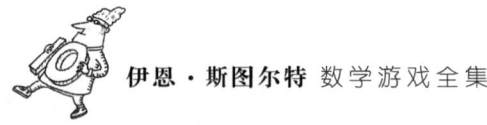

"但是平行线相交于两个点,"艾琳娜说,"一个在这一端,一个在另一端。"

"嗯嗯,"我说,"但是如果它们只相交于一个点,那将更好,对吧?更美观。更对称和优雅。更像现实的直线。"

"是吧?"她犹豫地说道。

"所以我们要假设两条平行线的相对端点是同一个。"我说。

"那太愚蠢了。"

"并不像听起来那么愚蠢。你自己有去过无穷远处看吗?"

"没有。"

"数学上,无穷只是一个抽象的概念,所以我们可以赋予它任何我们想要的属性。我碰巧想让线条只在一个点相交。所以我坚持认为,一对平行线两端在无穷远处的'两个'点,应该被认为是同一个点。听起来可能很奇怪,但却是可能的。就像将线条弯曲成一个圆,只不过它们仍然是直的。"

"说得太清楚了,我完全听不懂。"

"很好。所以我们得到了射影平面的第一个模型:它是通常的平面,加上一条无穷远的直线,再加上一个规则,一对平行线的两个端点,在无穷远处与无穷远的直线相交于同一点(图 5.5)。"

"我很难想象这样的场景。"

"恰恰相反,艾琳娜,你的视觉系统实际上就是以此为工作原理的。"

"嗯,我很难一下子完全理解这个概念。而且我不太清楚为什么

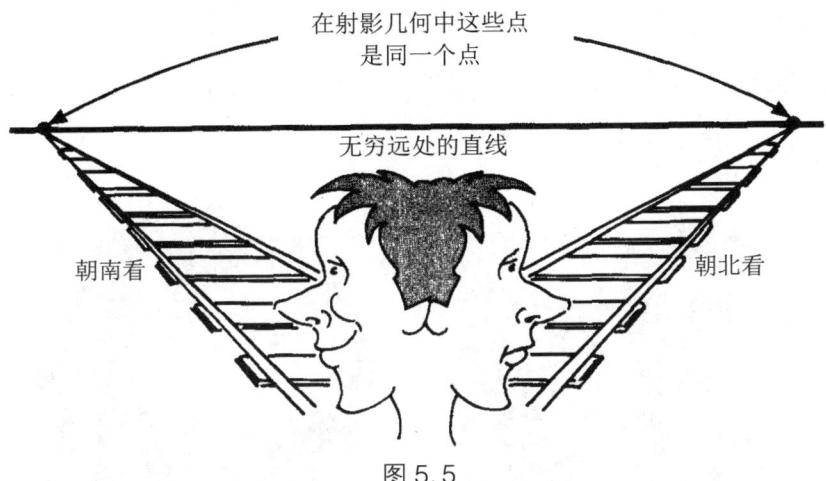

图 5.5

当我们沿一个笔直的铁轨朝南看时,我们看到两条平行线在无穷远处相交;朝北看时,我们又看到它们再次相交。因为两条线应该只在唯一的一个点相交,所以我们必须将这两个'相反'方向的无穷远点视为同一个点

你说射影平面像你说的那样只有一个面。普通的平面有两个面:上面和下面。"

"是的,但是由于平行线的端点被视为同一个点的规则,顶面和底面在无穷远处相连在一起。"我说道。

有几种不同的方法可以"看到"射影平面的形状,其中一些比另一些更清晰地显示出它只有一个面。我们不妨用拓扑学家的眼光来看,这是最简单的方法。对拓扑学家而言,这个无穷大的平面可以被压缩到一个圆盘内部——当然,不包括圆盘的边界[图 5.4(a)]。然后,额外的"无穷远处的点"可以通过"将边界黏合在一起"来添加进去[图 5.4(b)]。它看起来是圆形的,但对于拓扑学家来说这并不是一个问题。为了满足相对端点相同的规则,我们必须(在头脑中)将边界圆的相对点"粘"在一起[图5.4(c)]。如果你试图在三维空间中弯曲这个圆盘，以满足上述情景，那么你就必须让其穿过自身(图5.6)。图片的上半部分被称为交叉盖。

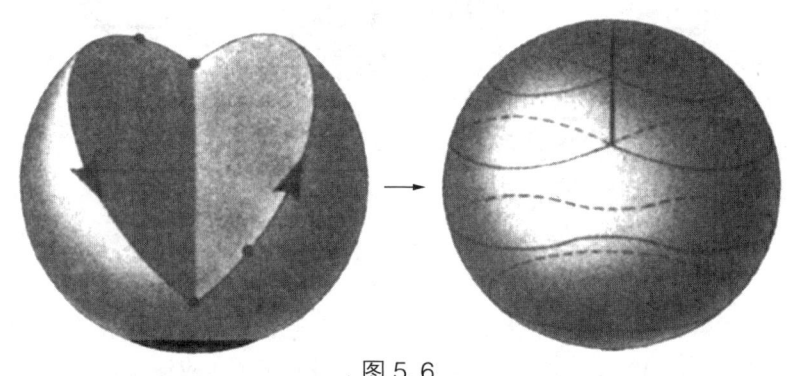

图5.6

如果我们试图通过物理弯曲平面来实现图5.4(c)中相对点的黏合，那么所得到的表面必须穿过自身，形成一个交叉盖。沿着自交部分，平面的两个"面"会相连形成单侧曲面。顶部的点是奇异的，它附近的表面无法连续变形为一个或多个独立的圆盘

交叉盖沿着一条线穿过自身。与克莱因瓶一样，这条自我交叉的线是由我们在三维空间中绘制曲面而产生的假象。从数学上讲，它并不"真正"存在。但是它有助于我们可视化曲面。想要去掉这条线的话，我们可以在脑海里将标记圆盘的反向边界点，而不是实际弯曲圆盘使它们连在一起。

你可以看到，这个版本的射影平面只有一个面。如果你开始涂色"外部"并穿过自身交叉线，你最终会到达"内部"。你还可以以另一种方式理解它。如果我们裁剪出一条穿过圆盘的带状区域[图5.7(a)]，然后我们可以将两端黏合在一起——得到一个默比乌斯

带[图 5.7(b)]。因此,在这部分射影平面中,内部和外部已经相连。实际上,我们可以看到,射影平面只是一个默比乌斯带沿着边缘缝合了一个圆盘[图 5.7(c)]。

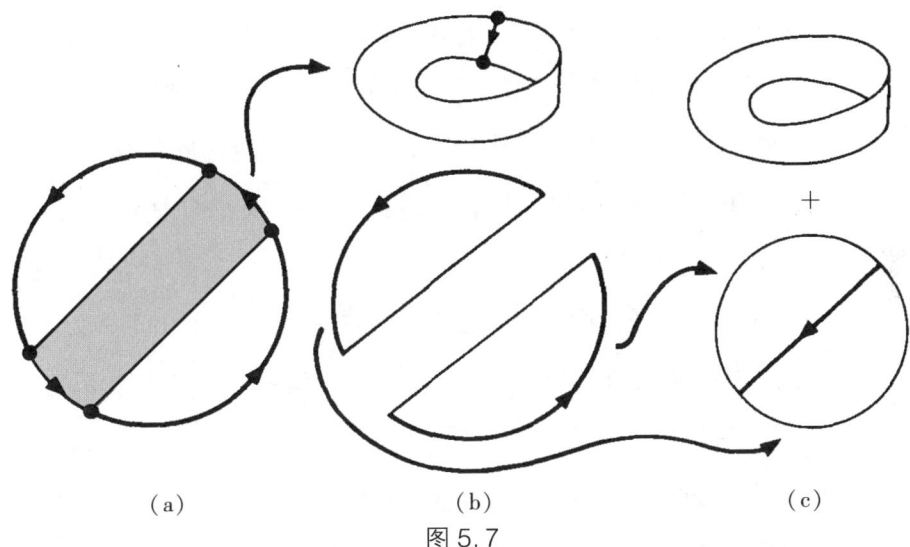

图 5.7

一条穿过投影平面的带状区域(阴影部分)(a)形成一个默比乌斯带(b),因为边界上的相对点被识别为同一点。经过适当变形,剩余的两个部分连接形成一个圆盘(c)。抽象地说,我们可以通过将默比乌斯带和一个圆盘的边缘上缝合来构建一个投影平面

"这有点不自然。"恩里科说。

"我同意,"我告诉他,"你的艺术审美感非常敏锐。但是还有另一种射影平面的模型,既符合几何又符合自然。当然,它也有自己的奇特之处。"

"那当然。"

"这个想法是将所有东西的维度加一。当我说'点'时,你必须想到'通过原点的直线'。在普通的三维空间中,当我说'直线'时,

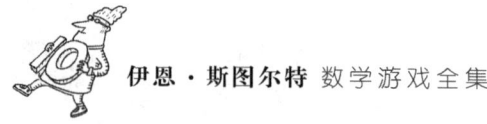

你必须想到'通过原点的平面'。当我说'两个点在一条直线上'时，你必须想到'两条直线在一个平面上'。好吗？"

"如果这会让你高兴的话。"

"嗯，几何的抽象本质就在于'直线'和'点'之间的关系，而不是它们的实际形状——不同形状的名称只是有用的标签而已。在这个"升维"版的几何中，任意两个'点'在一条唯一的'直线'上。也就是说，任意两条通过原点的直线在一个唯一的平面上[图5.8(a)]。你同意吗？"

"同意。"

"但除此之外，任意两条'直线'都会在一个唯一的'点'相交。也就是说，任意两个通过原点的平面在一条直线上相交[图5.8(b)]。所以我们正好具备了射影几何所需的性质。射影平面实际上就是三维空间，但是'点'和'直线'有了新的定义。这是纯几何的，又非常自然。"

"自然？"

"对于一个数学家来说，足够自然了。"

"但是你怎么能把三维空间称为平面呢？"艾琳娜问道。

"因为我们把所有维度都增加了一。"我提醒她，"如果一条'直线'是通过原点的平面，那么一个'平面'必须对应一个三维对象，也就是整个空间。"

"不仅如此。你还可以证明这个新版本的射影平面只是原始版本的伪装。"

"如何证明？在我看来它并不像。"

奇偶把戏与帕斯卡分形

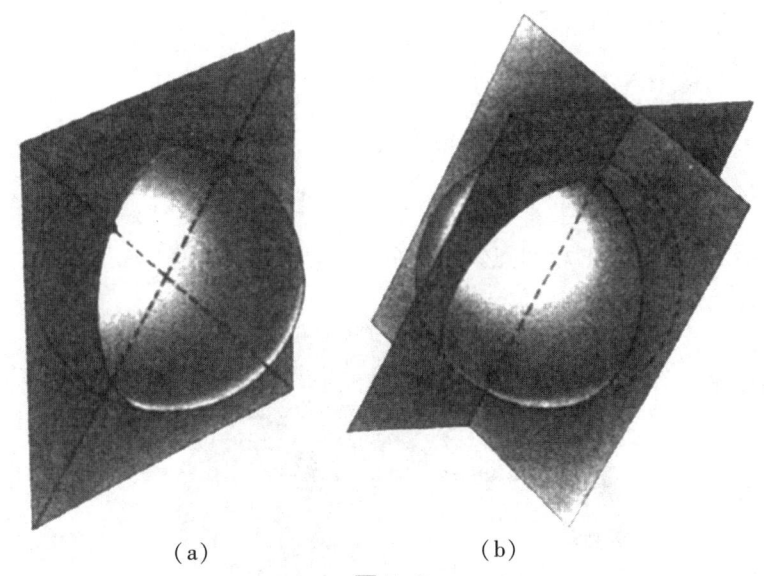

(a)　　　　　(b)

图 5.8

在普通的三维空间中,通过原点的两条直线确定一个唯一的平面(a),通过原点的两个平面确定一个唯一的直线(b)。每条直线与球面(阴影部分)相交于一对相对的点;每个平面与球面相交于一个大圆。因此,射影平面既可以被解释为直线和平面的几何,又可以被解释为球面上相对点的几何

"这是一个相当巧妙的伪装。想象一个以原点为中心的球体。它与射影平面的每一个'点'——也就是通过它的中心的每一条线——都会相交于一对相对的点。它通过每一条直线——也就是通过它中心的每一个'平面'——相交于一个大圆。所以射影平面的几何实际上就是球体的几何,其中'点'被解释为一对对跖点,而直线则被解释为大圆。"

"好的。但我们有的是成对的点,而不是单个点。"

"这实际上并不重要——在抽象的层面上并不重要,"我说,"我们可以通过只考虑一个半球来解决这个问题。这样就会把大多数对

偶点简化为单个点。"

"除了在半球边界上的点。"

"完全正确,恩里科!你说得太对了!所以我们必须将半球边界上的相对点识别为同一个点(图 5.9)。就像我们对射影平面的第一个模型将边界上的相对点识别为同一个点一样。"

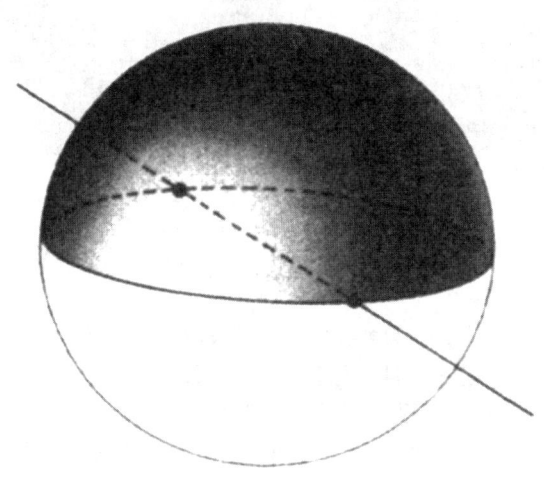

图 5.9

当我们只考虑半球上的点的集合,就可以得到单个点而非对偶点,从而得到一种由点和大半圆组成的几何。不过,在边界上的相对点仍然必须被识别。因此,这类射影平面其实是图 5.4 的拓扑变形

"从拓扑学上来说,半球其实就是一个圆盘。只是有点弯曲而已。所以这个新的模型实际上就是旧模型的伪装。"

"好极了!"他们鼓掌起来。我怀疑其中带有讽刺之意,但我还是附和着低头致意。

"Bis!"艾琳娜喊道,意思是"再来一次"。她被氛围带动起来了。恩里科试图制止她,但为时已晚。我又开始了下一轮的滔滔不绝。

奇偶把戏与帕斯卡分形

"有很多不同的方法可以可视化射影平面,"我说,"至少几十种。"(恩里科叹了口气。)"其中一种方法是由斯坦纳(Jacob Steiner)发现的。嗯,差不多可以这么说吧。那是在1844年,他碰巧正在罗马,所以他把它称为罗马曲面(图5.10)。这是少数以地名命名的数学对象之一。实际上,他是通过纯几何学的方法以极其复杂的方式构造了这一曲面。每个曲面都可以通过'坐标系+方程'的方式来确定。例如,以原点为中心,半径为1的球面在坐标(x,y,z)下的方程是$x^2+y^2+z^2=1$。斯坦纳是一个出色的几何学家,但在代数方面却一

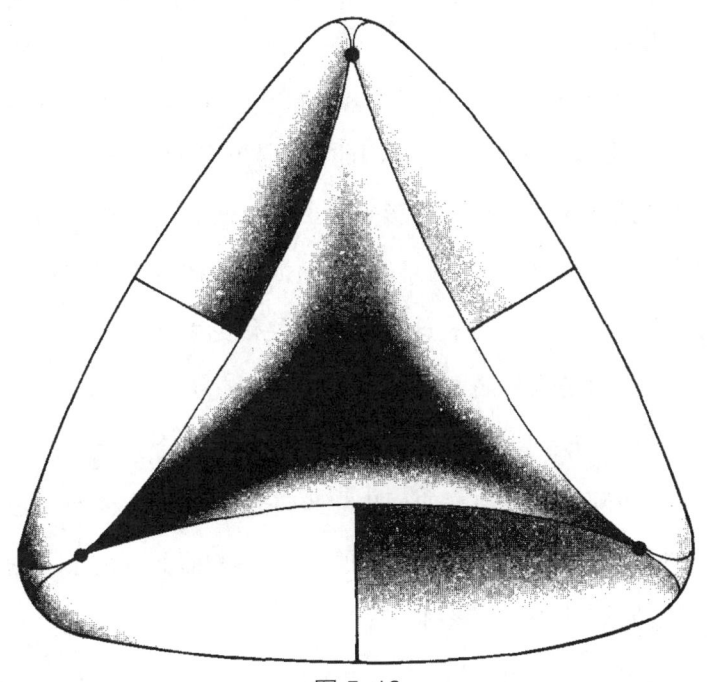

图5.10
斯坦纳的罗马曲面:6个交叉点连接在一起。它具有与正四面体相同的对称性

窍不通,他无法计算出他的曲面的方程。在斯坦纳离世前一年,他请魏尔斯特拉斯(Karl Weierstrass)推导出方程。魏尔斯特拉斯是一个比斯坦纳更为全面的数学家,他毫不费力地找到了这个方程:

$$x^2y^2+y^2z^2+z^2x^2+xyz=0$$

这个方程非常对称,就像那个曲面一样。"

恩里科和艾琳娜欣赏着优雅对称的罗马曲面——这一以他们家乡城市命名的曲面。

"克莱因瓶也有一个方程,"我说道,"它由满足以下条件的点(x,y,z)组成:

$$(x^2+y^2+z^2+2y-1)[(x^2+y^2+z^2-2y-1)^2-8z^2]+16xz(x^2+y^2+z^2-2y-1)=0$$

这个方程不那么对称,不过克莱因曲面本身也不对称。

"罗马曲面实际上只是射影平面的另一种伪装形式。但它有一个缺点。"我告诉他们这个消息时,他们惊恐地摇着头:"就像交叉盖一样,它有(多个)奇异点。这些地方不仅仅是两个或更多独立的曲面穿过自身,而是这些曲面会互相纠缠在一起并合并。就像交叉盖的顶部一样。与之形成对比的是,克莱因瓶没有奇异点。它也穿过自身,但在明确定义的独立曲面中。也许这就是为什么大多数人没有意识到射影平面实际上是一个更简单的单侧曲面的例子。画一个令人信服的克莱因瓶要容易得多。"

"那也是一个更动听的名字。可能有人做了更好的公关工作。"

"或许是吧。空间中是否存在只自相交、没有奇异点的射影平面呢?这个问题在很长一段时间内悬而未决。有史以来最伟大的数学家之一希尔伯特曾猜想这是不可能的,并让他的学生博伊(Werner Boy)来证明这一猜想。博伊像任何优秀的研究生一样,用直觉行事,反而反驳了希尔伯特的猜想,并且提出了射影平面的另一种变体——它现在被称为博伊曲面(见图 5.11)。"

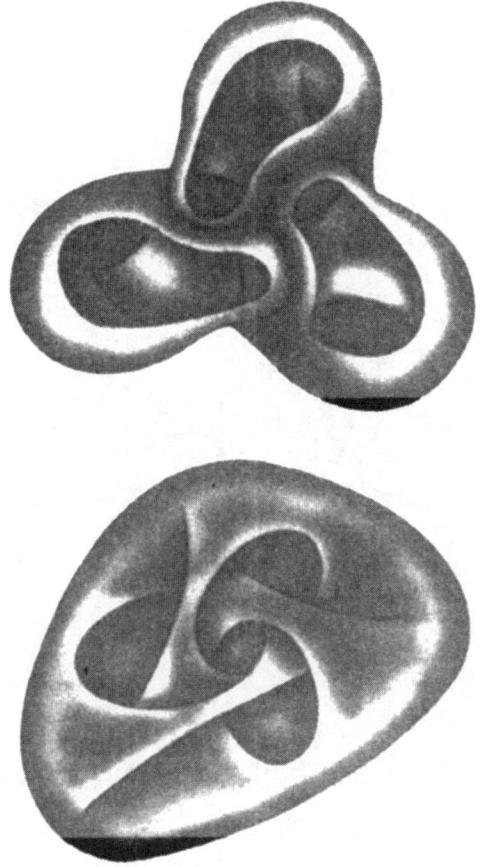

图 5.11
博伊曲面拓扑等价于与射影平面,并且没有奇异点。希尔伯特曾猜想不存在这样的曲面。自交部分(实线)形成了一个"花束",三个环在公共点处连接在了一起。这两个非常不同的视图拓扑等价。在每个视图中,曲面的部分被切除以显示内部

"看起来有点搞笑。"艾琳娜说道。

"你说得对。它有点像三个甜甜圈粘在一起,但每个甜甜圈的面团都进入下一个甜甜圈的孔中。博伊曲面可以用纸板做出多面体模型(图 5.12),这可能会让你对这个形状有更好的理解。"

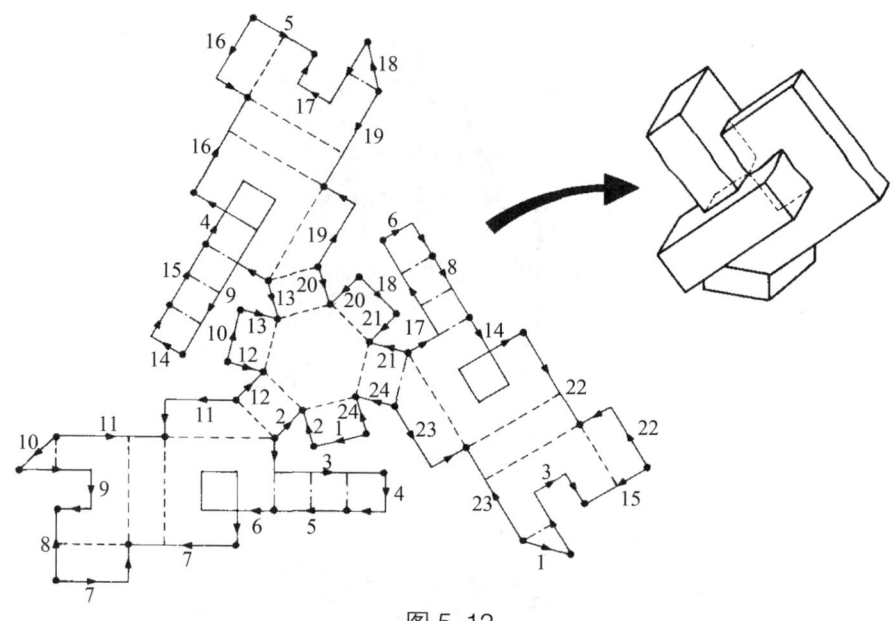

图 5.12
要制作博伊曲面的多面体模型,请从薄纸板上剪下这个形状,并把相同编号的边缘连接起来

"博伊曲面有没有像斯坦纳曲面那样漂亮的方程式?"艾琳娜问道。这可真是一个充满智慧的提问。

"这也许是最令人好奇的事情了,"我说道,"直到最近,没有人知道答案。数学家们可以画出这个曲面,可以研究它的拓扑结构,但就是无法回答这个问题——他们无法确定它是否有一个多项式方程,无论这个方程式是否漂亮优雅。1978 年,法国几何学家莫兰(Bernard Morin)——顺便说一下,他是一个盲人——找到了一个没有奇异点的射影平面的方程,但无法证明它与博伊曲面相同。1985 年,休斯(J. F. Hughes)使用 8 次多项式找到了一个经验公式。但这两个公式都是参数化的。也就是说,它们的形式不是'关于 x、y、z 等于 0 的某个方程',而是 'x、y、z 等于某些其他变量的方程'。原则上,你可以消去新变量,得到一个关于 x,y,z 的极为复杂的方程,但我不认为有人真的这么做过。"

阿佩里(Francois Apery)为博伊曲面提出的方程

$$64(1-z)^3 z^3 - 48(1-z)^2 z^2 (3x^2 + 3y^2 + 2z^2) +$$
$$12(1-z)z\,[27(x^2+y^2)^2 - 24z^2(x^2+y^2) + 36\sqrt{2}\,yz(y^2-3x^2) +$$
$$4z^4\,] + (9x^2+9y^2-2z^2)\,[-81(x^2+y^2) - 72z^2(x^2+y^2) +$$
$$108\sqrt{2}\,xz(x^2-3y^2) + 4z^4\,] = 0$$

"不止这样。如果你有时间,我可以告诉你如何利用博伊曲面将一个球体翻转过来。这个故事涉及莫兰和一位名叫珀蒂(Jean-Pierre Petit)的法国物理学家,这真是相当巧合,因为"klein"在德语中意为"小",而"petit"在法语中也是如此……"

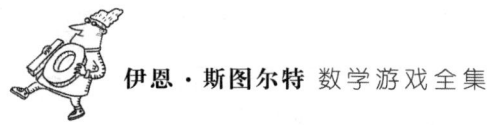

但我的听众正在迅速而坚定地朝着射影平面中的无穷远点离我而去。

下次再见他们时,我一定要和他们聊聊有限射影平面。

第 6 章
圣诞节的十二个谜题

奇偶把戏与帕斯卡分形

困惑庄园的圣诞节午后,火鸡已经吃完,圣诞布丁也被一扫而空。困惑庄园的罗德里克勋爵和他的十一位客人心情放松,唱着传统的颂歌。

……三只法国雄鸟,

两只有头衔的鸽子,

还有杨梅树上的一只冠雀。

他们的歌声荒腔走板,但充满活力。

"哦!这真是太有趣了!"马尔法梅伯爵夫人惊叹道,"我从来没听过这样一首圣诞歌。但在美丽的法国,我们有一首传统的歌曲和它类似,是关于一年中的月份的。

歌曲的开头是:

一年的第一个月,

我要送给我亲爱的人什么呢?

一只鹧鸪,

来来回回,

飞翔,

一只在风中飞翔的鹧鸪。

而结尾则是：

一年的最后一个月，

我要送给我亲爱的人什么呢？

十二只歌唱的公鸡，

十一只杨梅鸟，

十只白鸽，

九头有角的公牛，

八只已剪毛的羊，

七条会奔跑的狗，

六只田野里的野兔，

五只地上奔跑的兔子，

四只天上飞的鸭子，

三只木鸽，

两只斑鸠，

一只鹧鸪，

来来回回，

飞翔，

一只在风中飞翔的鹧鸪。①"

其他人热烈鼓掌，伯爵夫人鞠躬示意："我们将这首歌称为'佩迪

---

① 在此，作者给出了歌词的法文版和英文版作为对比。由于其中涉及后文的讨论，因此在这里一并附上。**（注释未完下转下页）**

鲁尔(La Perdriole)'。"

"佩迪鲁尔(Perdriole)的意思是鹧鸪(partridge)吗?"巴尔穆德公爵说。

"是的。"伯爵夫人答道。

"但没有梨树(pear-tree),这真是奇怪。"公爵的次子埃德蒙插话道,"这两者之间一定有着某种关系……"他拿出一本《牛津英语词典》,边翻边嘟囔。"鹧鸪,中古英语 pertrich, partrich……源自古法语 perdriz, pertris……天哪!听起来就像梨树(pear-tree)!看,父亲——古法语中'鹧鸪'这个词的发音和英语里的'梨树'一样!"

"听起来好像有人把词搞混了,"夏特迈尔夫人说,"我还记得有

(上接上页注释)

Au douzième mois de l'année,	On the twelfth month of the year,
Que donn'rai-je à ma mie?	What shall I give to my lady-love?
Douze coqs chantant,	Twelve singing cocks,
Onze ortolans,	Eleven ortolans [buntings],
Dix pigeons blancs,	Ten white pigeons,
Neuf boeufs cornus,	Nine horned bulls,
Huit moutons tondus,	Eight sheared sheep,
Sept chiens courants,	Seven running dogs,
Six lièvres aux champs,	Six hares in the fields,
Cinq lapins courant par terre,	Five rabbits running on the ground,
Quat' canards volant en l'air,	Four ducks flying in the air,
Trois ramiers de bois,	Three woodpigeons,
Deux tourterelles,	Two turtle doves,
Une perdriole,	A partridge,
Que va, que vient, que vole	Who goes, who comes, who flies,
Une perdriole	A partridge,
Que vole dans le vent.	Who flies in the wind.——译者注

个例子,对于'calling birds'是什么有些争议……或者是'colly birds',不管那是什么。"

"也许应该是四条 collie dogs(牧羊犬)。"她的女儿安娜贝尔说着,咯咯笑起来。

"Colly……旧时指黑鸟。"埃德蒙拿着字典说道。

"哦,埃德蒙,闭嘴!"安娜贝尔讨厌的小弟弟查尔斯说道,"别这么掉书袋!"

高茨福特男爵已经年迈,他说话略显粗鲁:"我始终不明白的是,这首该死的……"

"祖父!文明用语!"

"对不起,亲爱的希尔达……我不明白为什么这首该死的歌曲以鸟和动物之类的东西开始,但最后变成了勋爵、贵妇和鼓手。要命的不一致。请原谅我的粗话,亲爱的希尔达。"

"这首法国歌的歌词各地区不同,"伯爵夫人的女儿埃斯梅拉尔德说道,她在索邦大学学习诗歌,"在16世纪最早版本中,是以'十二位骑士,十一位少女……'开头,然后又回到了动物。还有一种加拿大版本是关于一年中的日子,一直唱个不停……他们唱这个来哄孩子入睡。"

"我一直想知道……"希尔达现在的男友奥维尔说道(他从牛津来度周末),"那五个金戒指是干什么的?"

"挂在你的鼻子上,亲爱的。"希尔达说道。

"孩子们,孩子们。"罗德里克勋爵说道。"别吵了!现在该轮到困惑庄园的古老传统了——圣诞难题！希望你们都准备好了？"桌子上的人点了点头，只有克里斯平叔叔在打瞌睡。"而且，因为我们有十二个人，我建议我们玩一个'圣诞十二天'的谜题版本，但我告诉你们，按照悠久的传统，至少有一个难题非常难……当然我不会说是哪一个。"

"你先来，埃德蒙。"

1. 十二位鼓手击鼓

"谢谢,罗德里克……"埃德蒙说道,他本来准备了一个关于纸牌玩家的问题。"嗯,好吧,这个谜题是关于——'十二位鼓手'。"他停顿了一下。

"继续,埃德蒙。"

"嗯。天哪……也许你不知道,但是我曾经在警卫队待过。"

"是的,他是首席园丁①。"希尔达甜甜地说道。

"不,是空降卫队。你一定听说过英国皇家空军!无论如何,我曾在军乐队中。"

"那个乐队还好,只是埃德蒙被禁止……"

"不,他是鼓手长的助理。他们称他'创可贴'②。"

"谢谢,安娜贝尔。但是,说到鼓,我们团里有一个传统,就是击鼓比赛。实际上,有几个项目,单人比赛、双人比赛……"

"还有混双。"

"你可以嘲笑这个比赛规则,但双人比赛是一种联赛形式。总共有12位鼓手,他们两两配对。队伍不是固定的,目的是找出最佳组合。比赛持续了11天……"

"好吧,击鼓也能玩出很多花样,得给鼓手们机会展示他们的才华……"

---

① 原文首席护卫 head guardener 是首席园丁 head gardner 的谐音梗。——译者注
② 原文 bandaid 是双关语,既指乐队助手,又指创可贴。——译者注

"不，我们不是整天都在打鼓。为了不打扰他人，我们每天只进行一轮比赛，安排在起床号之前，这样不会打扰任何人。你看，有12位鼓手，所以有66对不同的搭档。每一轮比赛由两对鼓手进行3场独立的对决，因为这样总共能用到12位鼓手。所以每天有6对比赛，66除以6等于11，也就是持续了11天。"

安娜贝尔讽刺地拍了拍手。

"在任何给定的一天，12位鼓手都会参加比赛。为了公平起见，每位鼓手都与其他每位鼓手恰好搭档一次，作为对手对决两次。"

"你的谜题是……"

"……是他们为什么要这么大费周章？"

"不，查尔斯，顺便说一下，请把你的手从蛋糕上拿开。不，谜题是：他们是如何做到的？"

2. 十一位笛子手吹笛

"在座各位有所不知,"希尔达开始说,"但是,和埃德蒙一样,我也曾是乐手。我曾是伦敦爱乐乐团的长笛手。"

"其实,"安娜贝尔用旁白的语气小声说道:"她是达格纳姆女子风笛队的,她把所有东西都'吹'没了。"①

希尔达高傲地哼了一声:"我因为一场争执离开了,他们对我非常不公平。你知道,当时有 11 位长笛手,然后有一天送来了一批新长笛。第一位长笛手拿走了这批长笛的十一分之一,再加上十一分之一支长笛。"

"怎么可能拿走十一分之一支长笛?"

"嗯,你要明白,长笛并没有真的被切。下一个人取走剩下长笛的十分之一,再加上十分之一支长笛。然后再下一个人取走剩下的九分之一,再加上九分之一支长笛,以此类推……倒数第二个人取走剩下的一半,再加上半支长笛。我是最后一个人,当我看到他们给我剩下了多少时,我感到很气愤,当场就辞职了。"

"为什么?"

"别人拿到的笛子都是我的两倍。"

"这太可怕了!但是这道题的题目是什么呢,亲爱的?"

"总共送来多少支笛子?"

---

① 原文 flauted 既指"吹长笛",又有"挥霍"的意思。——原注

3. 十位男爵在跳跃

高茨福特男爵从一把安妮女王风格的椅子上起身，嘟囔着走向写字台。他在那里拿了一张纸，画了一幅示意图（图6.1）。这幅图上有28个圆圈，通过线条连成三角形网络。高茨福特男爵在口袋里翻出10枚金币，并把它们放在了中间的10个圆圈上。

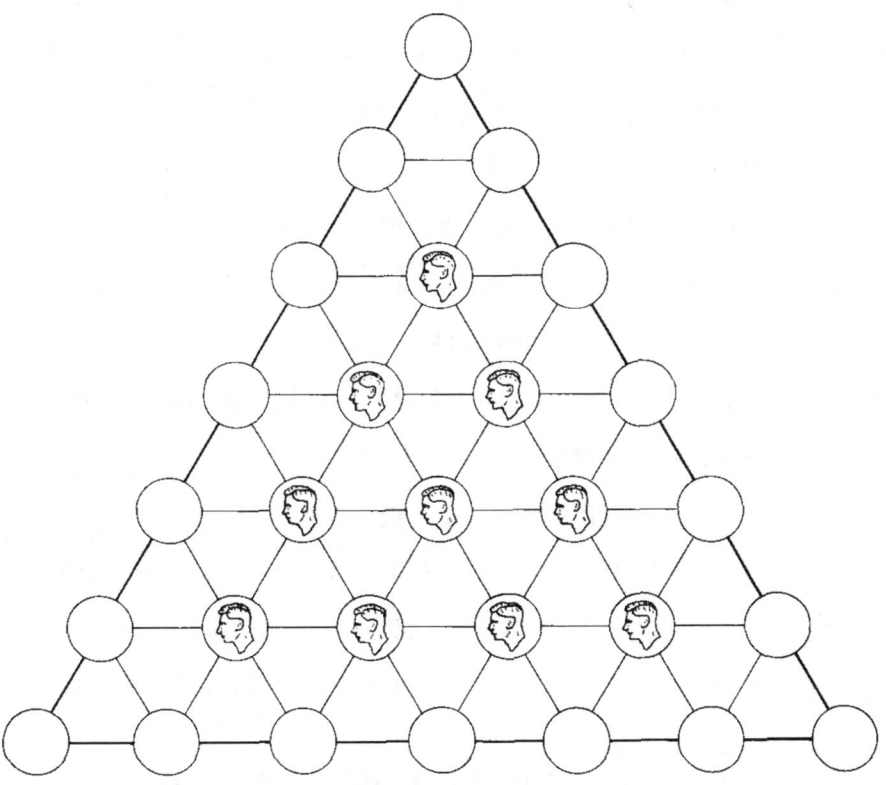

图 6.1 十位男爵如何跳跃才能最终只留下一位

他喘着气说:"这个游戏象征着高层政治决策的过程。三角形代表着上议院,正如我们所知道的,上议院实际上掌管着国家,而中间的圆圈(编号13,一个吉利的数字)代表枢密院议席。"

"恕我直言,男爵,"奥维尔说:"我必须指出'代表'(stand for)一个席位是不可能的。一个人可以'坐在'一个席位上,或者'站在'一个——呃——立场上……"①

"胡说八道!我堂兄多米尼克就曾在阿普沃德-勒-莫比尔竞选席位②!结果输给了一个 SMP 的乡巴佬,真是倒霉透了,就因为小报发现他想把公用土地卖给一家巡航导弹制造商……"

"谢谢,安娜贝尔。唔。这 10 枚金币代表了 10 位贵族。他们轮流跳过任何相邻的贵族,沿直线跳到紧邻的空圆圈中。被跳过的贵族失去了影响力并被移除。第一个谜题是:他们如何通过这种方式最终只剩下一位贵族坐在枢密院的席位上?"

"用这个方法坐到'厕所'③上还真是不容易!"查尔斯大喊道,结果因为这句话挨了一巴掌。

"哎呀,"埃德蒙说,"这就像单人纸牌游戏一样。"

"确实有点像单人纸牌游戏。"高茨福特男爵的语气带着点伤心,"埃德蒙,既然你这么聪明,我就给你另一个不同的谜题。其中 3 位贵族想成为法官,他们要坐在议院的外角。这 10 位贵族如何从相同

---

① 这里有一个双关语,"stand for"是代表的意思,"stand"又有站的意思。——译者注
② 这里又用了 stand for 的另一个双关语,意思指竞选。——译者注
③ 这是一个双关语,privy 意为"私下的""秘密的",又引申为"枢密院""厕所"。枢密院在古代英国的政治体制中扮演重要角色。——译者注

位置开始,按照相同的规则互相跳跃,最终3位贵族分别坐在3个角落(编号1、22、28)?"

"这个真的很难吗?"埃德蒙担忧地问道。

"可能难,也可能不难。"

4. 九位女士在跳舞

音乐响起,老不正经的巴尔穆德公爵大声宣布他要跳舞:"请跳舞女郎上场吧!"

"公爵,请注意这里有未成年人在场,"夏特迈尔夫人提醒道,"还有,你已经太老了,不适合跳舞女郎。"

"我不是未成年人!"查尔斯大声喊道,"而且让孩子当矿工也不合法!"①

"我向您保证,夫人,这将是完全正当的。"公爵说道。

"烦死了!"查尔斯小声说。

"在巴尔穆德城堡,有一种舞蹈可以追溯到家族时代,当时伟大的邓罗温亲自吹起了风笛。啊,那可是苏格兰的辉煌岁月!这种舞蹈叫风笛舞。9 位女士围成一个圆圈。3 位女士戴着绿色的帽子,3 位女士戴着红色的帽子,3 位女士戴着蓝色的帽子。

"女士们轮流捉对在圆圈中跳舞,其他人则原地旋转。在 4 对女士跳完之后,剩下的女士将独自在圆圈中跳舞。

"舞蹈的规律是,由第一对女士决定其他所有舞者的顺序。如果你从圆圈中移走一对女士,会形成两段相邻的弧——当然,如果两位女士原本相邻,那只会剩下一段弧。如果一对戴着相同颜色帽子的女士跳舞,那么下一对将由圆圈中较长弧的两端女士组成;如果一对

---

① 这里同样是一组双关语。"minor"既可以指"小的""未成年的",也可以指音乐小调,与"矿工 miner"的发音也相同。——译者注

戴着不同颜色帽子的女士跳舞,那么下一对将由较短弧两端的女士组成;如果形成了一个只有一位女士的弧,她必须单独跳舞。

"第一对舞者可以自由选择,但之后必须遵守上述规则。问题是如何安排女士们,使得所有 9 位女士都能跳舞,4 对两两跳舞,一位独自跳舞。我必须补充,邓罗温本人规定,圆圈中不得有 3 位戴着相同颜色帽子的女士相邻,但圆圈中必须有 2 位戴着红色帽子的女士相邻,2 位戴着蓝色帽子的女士相邻,2 位戴着绿色帽子的女士相邻。"

5. 八位女仆在挤奶

"在牛棚里,"埃斯梅拉尔德解释道,"有 8 位女仆围成一圈坐着,挤 8 头奶牛的奶。从顺时针方向数起,女仆们的桶分别能装 3、4、5、6、7、8、9、10 加仑①的奶。当她们挤完奶时,4、5、6 和 9 号桶都是满的,剩下的空空如也。"

"既然已经挤完奶了,那牛的乳房肯定会空啊,"埃德蒙嘟囔着,然后才反应过来,"哦,你说的是其他的桶②。"

"我刚才说的就是这意思,"埃斯梅拉尔德困惑地说,"现在,女仆们必须带着相同量的牛奶返回农场,也就是每个桶里有 3 加仑的奶。否则,农场主会非常生气,因为他会认为有些女仆故意偷懒。"

"女仆们可以把牛奶从任何一个桶倒进相邻的桶里。那么她们要怎样分配牛奶,才能使得每个桶都正好有 3 加仑呢?"

---

① 加仑,英制单位,1 加仑≈4.55 升。——译者注
② ze utters(牛乳房)和 the others(其他)发音类似。——译者注

6. 七只天鹅在游泳

"嗯,"奥维尔说:"我其实本没有计划做一道关于天鹅的谜题……不过我确实有一道关于鸭子的超难题……"

"闭嘴,奥维尔!"查尔斯尖叫道,"轮到我了!你负责的是法国母鸡的部分!"他环顾四周。"不过我不明白为什么是3只法国母鸡,"他说。马尔法梅伯爵夫人和她的女儿脸上泛起红晕,但假装没有注意到这句冒犯的话。

"查尔斯,现在轮到你了,"夏特迈尔夫人说,"如果你再说错一句话,你将在你的房间里度过剩下的圣诞节。"

"是的,妈妈。对不起,妈妈。现在,有7只天鹅住在通过运河相连的8个湖中,就像这样(图6.2)。它们喜欢晒太阳,但当饲养员来喂它们时,它们都会跳进水里。"

"它们一只接一只地跳进一个空的湖,然后沿着运河游到下一个也是空的湖中。"

"它们是怎么做到的?"

"真是个愚蠢的谜题,"奥维尔说,"首先,河道是交叉的。"

"那些是渡槽鸭。"查尔斯说。

"是渡槽①,你这个小不点。不管怎样,就从这里开始,将第一只天鹅移动到桥下……"

---

① 渡槽鸭英文 aqueducks 和渡槽的英文 aqueducts 非常像,这里是一句玩笑。——译者注

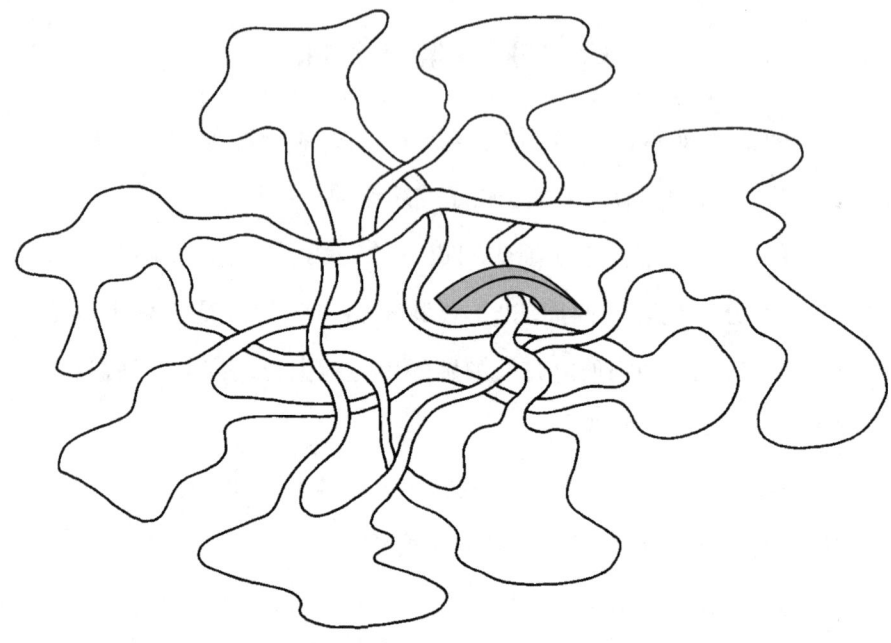

图 6.2 天鹅湖

"但是有一个偷猎者藏在桥下,"查尔斯说,"天鹅知道他会抓住它们,将它们当作圣诞大餐吃掉,所以它们没有走那条路。"

7. 六只家鹅在下蛋

费了一番努力,他们终于叫醒了克里斯平叔叔,并向他解释了"圣诞十二天"谜题的规则。

"我们讲到哪了?"

"六只下蛋的鹅。"

"啊,鹅……六只鹅……对!这个故事真的难懂,讲的是一个叫彭彭的牧鹅女孩的故事。"

"这是个奇怪的名字。"埃斯梅拉尔德说。

"鹅皮疙瘩。①"克里斯平解释道。

"肯定长在合适的地方。"奥维尔坏笑着说。

"闭嘴,奥维尔!"查尔斯说。奥维尔举起拳头,查尔斯吐了吐舌头,躲到一套盔甲后面。

"牧鹅女孩有6只鹅,她正提着蛋筐在回农场的路上。"克里斯平说。"途中她遇到了牧羊男孩,他问牧鹅女孩她的鹅下了多少个蛋。"

"'少于50个,而且是素数。'她回答道。

"'我是指准确的数。'牧羊男孩说。

"作为回答,女孩拿出一个立方体,上面写着她的那些鹅的名字,就像普通的骰子一样编号,但是用鹅蛋的数量代替了点数(图6.3)。'我们玩个游戏吧,'她说,'你先掷骰子,无论出现哪个数字,你就取

---

① 这是一个双关词 Goosebumps,把女孩和鹅都写了进来。——译者注

图 6.3 牧鹅女孩的骰子，用鹅蛋数量代替点数

相应数量的鹅蛋。之后，我们轮流将骰子翻转四分之一，展示新的面，并再次取相应数量的鹅蛋。谁先无法取正确数量的鹅蛋，因为剩下的蛋不够了，就算输了。'

"牧羊男孩说他明白了，然后掷了骰子。

"'你输了。'牧鹅女孩说，她是个完美的逻辑学家。

"牧羊男孩说他如果掷得再高或者再低一点就能赢了。

"'你还是会输，'她告诉他，'但是如果用正确的策略，你掷出其他任何数字，你就能赢。'"①

---

① 《树神与冒险的生意》第 4 章中讨论了牧鹅女孩的必胜策略。——译者注

克里斯平停下来,脸上露出微笑,然后再次坐下来。

"就这样了吗?"安娜贝尔问。

"所以题目是什么啊?"巴尔穆德公爵说。

"哎呀,忘了说了。题目是:篮子里有多少个鹅蛋,牧羊男孩扔出了哪个数字?"

8. 五枚金戒指

"现在轮到我了,罗德里克。"夏特迈尔夫人坚定地说。她把手探进她的钱包,拿出一件奇特的首饰:"这是传家宝,自乔斯林勋爵时代就一直在家族中流传,当他在巴格达战役中胸口被弹片击中时,他携带着 5 枚金戒指和 20 颗钻石。"

"被击中胸口?听起来很严重。"

"确实很严重!那是装着军团薪水的箱子!"①

"里面装着 5 枚金戒指和 20 颗钻石?"

"天哪,不是的!在不实际侵占财物的情况下,有很多种方法操纵军团的账目!一个聪明的军需官可以……不过这真的不重要。总之,当战斗结束后,乔斯林勋爵想要将这些戒指制成……一种类似胸针的东西。当珠宝匠听到这个要求时,他认为乔斯林勋爵可能是被击中了头部。"

"'正如你所见,这里有 5 枚金戒指。'"

"'我想要这 5 枚戒指连在一起,'乔斯林勋爵告诉他,'像这样(图 6.4),并把钻石镶嵌在它们交叉的地方。'"

"'这很简单,'珠宝匠顿了一下,'我的意思是——那将会非常昂贵,但我相信我可以做得完美。'"

"乔斯林勋爵说:'很好,但还有一个额外的条件。总共有 20 颗钻

---

① 此处又有双关语:"chest"一词的意思包括"胸膛""箱子"和"藏宝箱"等。所以,夏特迈尔夫人说的是"he was hit in the chest",既可以是胸口中弹,也可以是箱子中弹。——译者注

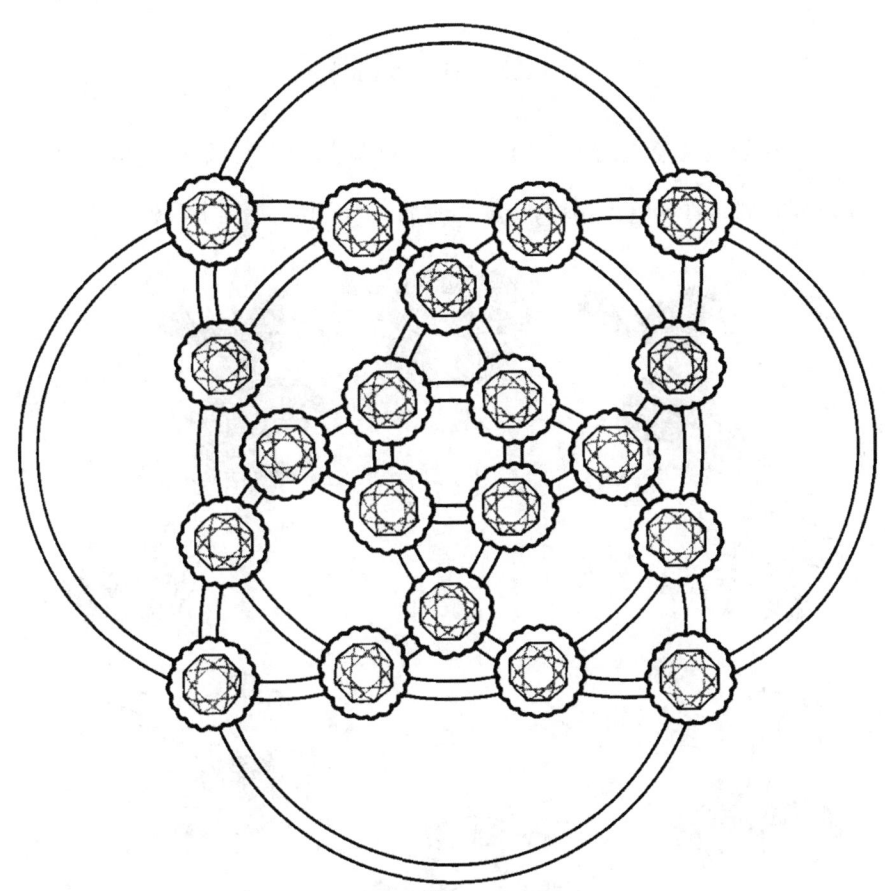

图 6.4　五枚金戒指

石,恰好它们的重量分别是 1 克拉,2 克拉……一直到 20 克拉。每枚戒指上要有 8 颗钻石。排列钻石时你必须注意,每枚戒指上的克拉数也必须相同.'

"珠宝匠最终做到了,因此才有了这件传家宝。但你能想出一个合适的排列方式吗?"

9. 四只小鸟在唱歌

"正如埃德蒙之前解释的那样,"安娜贝尔说道,"歌词里实际上唱的是四只黑鸟(colly birds),也就是画眉鸟,正坐在蘑菇上(图6.5)。"

图6.5 四只鸟

"其中两只是白色的,安娜贝尔。"埃德蒙指出。

"那就是两只黑鸟和两只白化鸟正坐在蘑菇上。"安娜贝尔继续说。

"但是并没有许多空间供鸟儿坐。"①查尔斯插话道。

---

① 这里也是一句双关语,蘑菇 mushroom 和许多空间 much room 读起来很像。——译者注

"安静点，小崽子。你听说过仙女环吗？好吧，这个仙女环由 8 个蘑菇组成。两只黑鸟和两只白化鸟坐在每隔一个的蘑菇上，黑鸟在北边，白化鸟在南边。

"它们想要交换位置，让两只黑鸟坐到两只白化鸟原本占据的蘑菇上，而让两只白化鸟坐到两只黑鸟原本占据的蘑菇上。但为了避免冒犯建造这个仙女环的仙女们，它们只被允许每次顺时针或者逆时针移动 3 个蘑菇的位置。你懂的，3 是一个特殊的魔法数字。

"它们是如何做到的？"

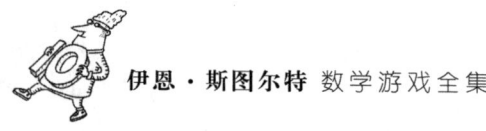

10. 三只法国母鸡

"这个谜题涉及三位鸡女士,她们叫尼科尔、娜塔莉和南希。"查尔斯说。

"南希不是法国名字!"

"就是法国名字,法国有一个叫南希的城市,就在斯特拉斯堡的西边。年轻的鸡女士们遵守着一个不变的规则。尼科尔真话和谎话交替着说,娜塔莉总是说真话,南希总是撒谎。不幸的是,她们长得一模一样,没有人能够分辨出她们来。"

"有一天,三位鸡女士坐在房子的楼梯上……

"接下来的对话发生了。这里,R 指的是右边的女士,M 指的是中间的女士,L 指的是左边的女士。

"L[对 M 说]:'你是个说谎者。'

"M:'不,我不是!'

"R:'你们两个都是说谎者。'

"L:'那是个谎言!'

"M:'那是个谎言!'

"R:'那是个谎言!'

"请问,左边、中间、右边各是哪位鸡女士呢?"

11. 两只斑鸠

"这是一个鲜为人知的事实,"马尔法梅伯爵夫人说,"一些鸟类非常擅长算术。有一天,有一对斑鸠坐在一根树枝上。公斑鸠咕咕地说'我正在想一个小于 100 的数。'母斑鸠回答说'我也是。'公斑鸠说'告诉我你的数'。于是,母斑鸠告诉公斑鸠她的数,公斑鸠也告诉了母斑鸠他的数,同时指出他们两个的数没有任何相同的数字。母斑鸠说:'哇,这太了不起了。如果把我们的数相加并将结果平方,那么我们将得到一个四位数,这个数前两位是你的数,后两位是我的数。'公斑鸠说'你的意思是,比如 30+25 = 55,而 $55^2 = 3025$?'母斑鸠回答'没错,但不是那组数。'"

"那么,这组数字是什么?"

"我想,"伯爵夫人补充道,"这就是为什么它们被称为斑鸠(turtle doves)。"

"嗯?"罗德里克勋爵困惑地问道。

"因为它们总是在算平方之前先算乌龟(turtle)[①]!"

[①] 这里也用到了 turtle 的双关语。——译者注

12. 一只鹧鸪在树上

困惑庄园的罗德里克勋爵放下雪茄,站了起来。"结束这个传统活动是主人的特权。"他沉吟着说。"在困惑庄园的花园里有一棵梨树。"

"我想,先生,你可能有上百棵梨树。"奥维尔说。

"嗯,好吧。是的,我的意思是我心里有一棵特别的梨树,奥维尔。现在,这棵树上的一个梨实际上是一只鹧鸪(图6.6)。"

"哦,太有趣了,先生!是个胖乎乎而且没有腿的小家伙,对吗?"

"奥维尔,这只鹧鸪部分被周围的梨子遮住了,它正在躲避猎人。要知道,为了上树,鹧鸪从最低树枝上悬挂着的大梨子开始,然后按某种顺序从一个梨跳到另一个梨。"

"啊,"克里斯平说,"这是一个关于有序梨的谜题。"

"是的,克里斯平,你很聪明。实际上,这只鹧鸪只穿过了连接相邻梨之间的每条边一次,直到最后把自己藏起来。"

"这个小机灵鬼!太棒了,先生!"

"嗯,我想知道的是……鹧鸪藏在哪个梨后?"

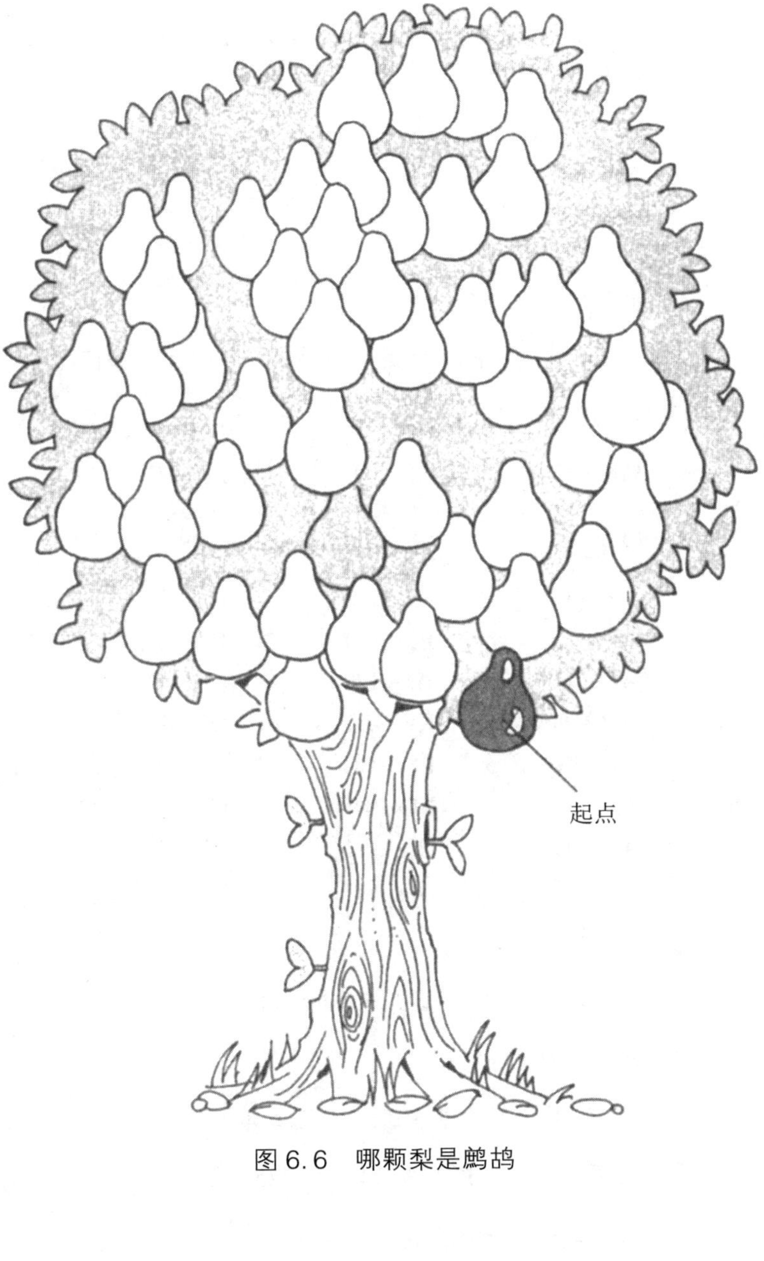

奇偶把戏与帕斯卡分形

起点

图 6.6 哪颗梨是鹧鸪

答 案

1. 十二位鼓手击鼓

   用字母 A—L 表示鼓手。在这 11 天里，一个可能的排列是

AB—IL	EJ—GK	FH—CD
AC—JB	FK—HL	GI—DE
AD—KC	GL—IB	HJ—EF
AE—LD	HB—JC	IK—FG
AF—BE	IC—KD	JL—GH
AG—CF	JD—LE	KB—HI
AH—DG	KE—BF	LC—IJ
AI—EH	LF—CG	BD—JK
AJ—FI	BG—DH	CE—KL
AK—GJ	CH—EI	DF—LB
AL—HK	DI—FJ	EG—BC

2. 十一位笛子手吹笛

   21。其他人每个拿了两支，希尔达只拿了一支。

3. 十位男爵在跳跃

   将圆圈按图 6.7 编号。那么答案是

   (a) 13→4, 17→8, 14→25, 25→12, 5→14, 20→9, 12→5, 4→6, 6→13。

（b）不可能。给 1、4、6、11、13、15、22、24、26、28 涂上颜色。然后任何从一个有颜色的圆圈开始的路径都会在另一个有颜色的圆圈结束，反之亦然。三个角格都有颜色，但只有一位贵族（中间的圆圈）从有颜色的圆圈开始。

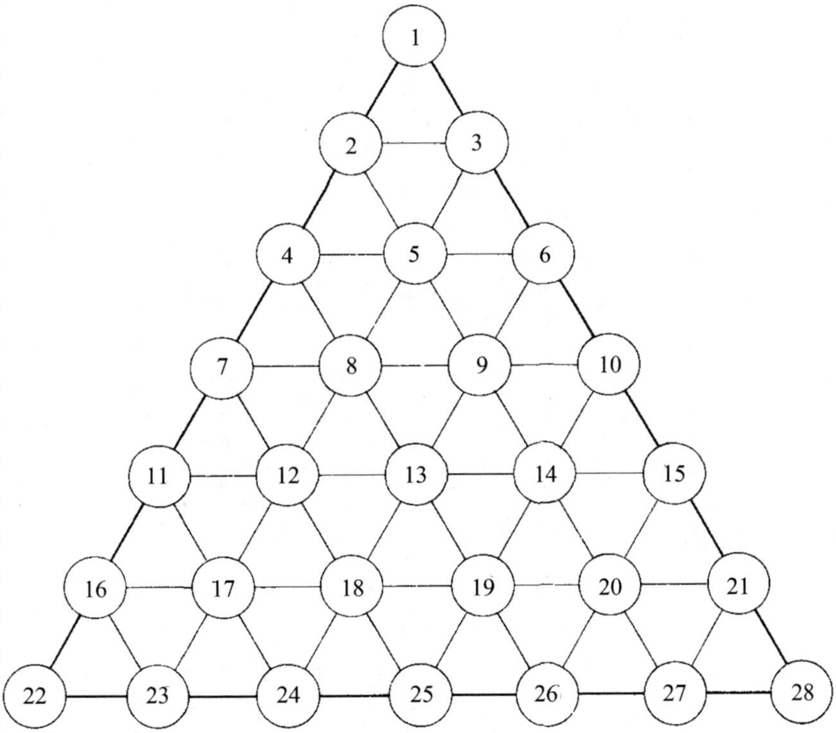

图 6.7　十位男爵在跳跃

4. 九位女士在跳舞

可以是 GGBBRRGRB，从 GG 开始。答案不唯一。

5. 八位女仆在挤奶

下面是一种可能的情况。箭头显示了相邻水桶之间的奶的移动。

桶编号	3	4	5	6	7	8	9	10
开始	0	4	5	6	0	0	9	0
	3	1	5	6	0	0	9	0
	0	1	5	6	0	0	9	3
	1	0	5	6	0	0	9	3
	1	4	1	6	0	0	9	3
	3	2	1	6	0	0	9	3
	3	0	3	6	0	0	9	3
	3	0	3	3	6	0	0	9
	0	3	3	3	6	0	0	9
	3	3	3	3	6	0	0	6
	0	3	3	3	3	6	0	6
	3	3	3	3	3	6	0	3
	3	3	3	3	3	3	6	3
	0	3	3	3	3	3	3	6
结束	3	3	3	3	3	3	3	3

6. 七只天鹅在游泳

把湖按顺时针方向从 1 到 8 编号，如图 6.8 所示。然后连续的移动是 6→1, 3→6, 8→3, 5→8, 2→5, 7→2, 4→7。每只天鹅游向前一只跳进的湖。

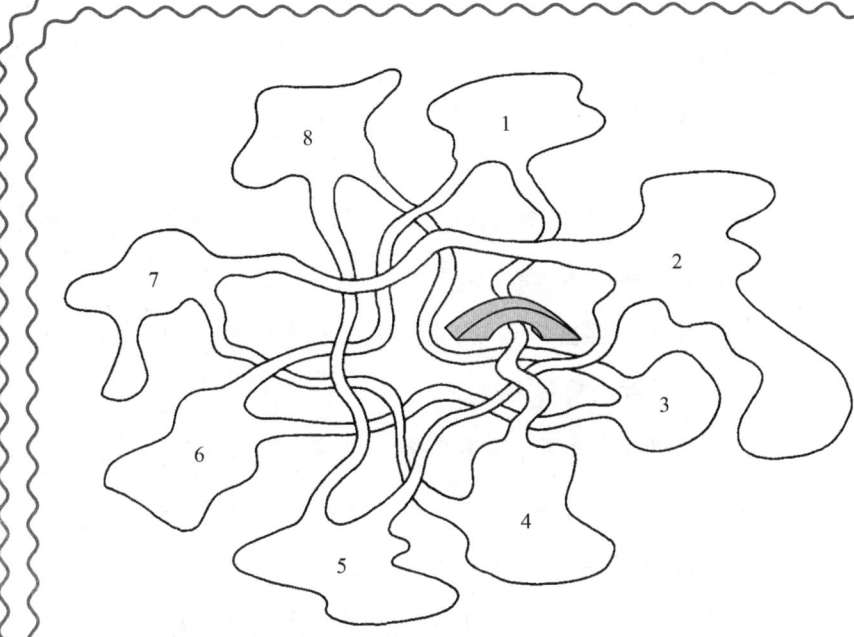

图 6.8　七只天鹅在游泳

7. 六只家鹅在下蛋

43 个蛋,他掷出了一个 3。这是罗德里克勋爵承诺的"非常难"的谜题。解决这个问题取决于对获胜策略的全局分析,尤其是当目标总数是任意值时。可以通过从最后的位置逆推来找到策略,并在下表中显示:每个当前总数和骰子点数组合下的获胜步骤都列出了。"L"表示必输的位置——无论你如何操作,对手都能以完美策略获胜。

结果是模式在总数增加 9 时重复出现(一开

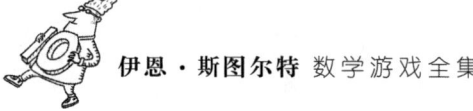

始有一些例外)。因此,对于大于7的总数,策略只取决于总数的数字根(将所有数字相加,重复直到答案在1—9范围内)。这位牧鹅女孩作为一名完美的逻辑学家,瞬间就理解了这个模式。我们得知男孩的掷出的点数、比它大1和比它小1的数都会导致必输的局面。

策略模式表明,能导致输掉比赛的连续三个点数分别是2、3、4,所以男孩掷出了中间的数字3。在数字根为7的情况下只有2、3、4会导致输掉比赛(7本身除外,对于数字7来说,6也是必输的)。小于50且数字根为7的素数中,只有43满足条件。所以一共有43个鹅蛋。

表6.1

总数	掷出点数		
	1或6	2或5	3或4
1	输	1	1
2	2	1	1,2
3	3	3	输
4	4	4	输
5	5	输	5
6	3	6,3	6
7	2,3,4	6,3,4	6,2
8	4	4	输

(续表)

总数	掷出点数		
	1 或 6	2 或 5	3 或 4
9	输	输	输
10	5	1	1,5
11	2,3	3	2
12	3,4	3,4	输
13	4	4	输
14	5	输	5
15	3	6,3	6
16	2,3,4	3,4	2
17	从 8 开始重复模式		

8. 五枚金戒指

见图 6.9。

9. 四只小鸟在唱歌

如果将蘑菇如图 6.5 所示编号,一个解是 8→3,2→5,5→8,4→7,7→2,2→5,6→1,1→4,4→7,7→2,3→6,6→1,1→4,8→3,3→6,5→8。

10. 三只法国母鸡

有 6 种可能的排列组合。通过试错法,我们发现娜塔莉在左边,南希在中间,尼科尔在右边。

11. 两只斑鸠

是 98 和 01。

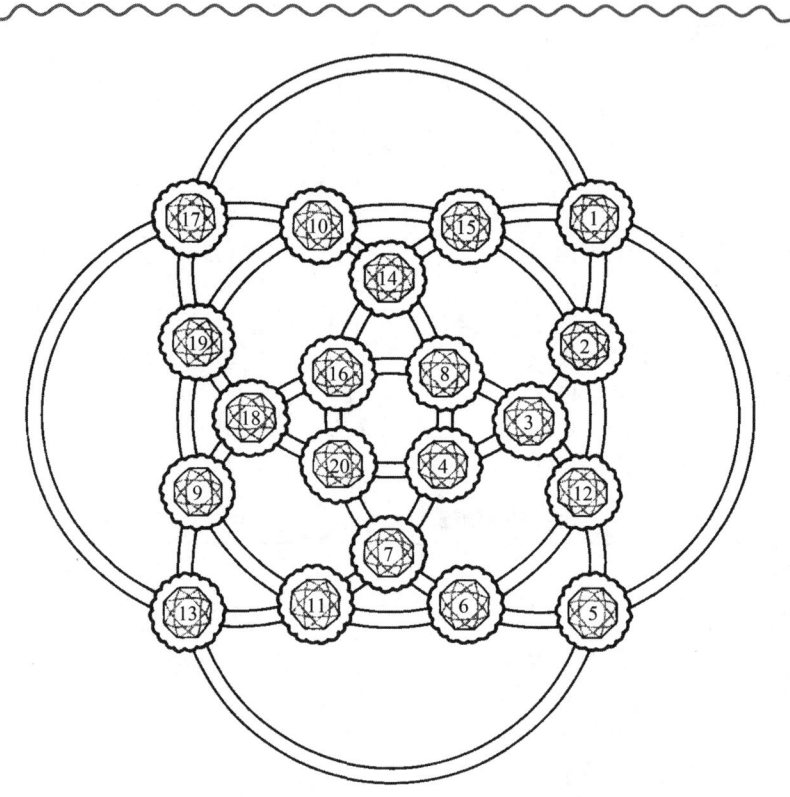

图 6.9 五枚金戒指及其所镶钻石

12. 一只鹧鸪在树上

每当鹧鸪进入或离开一个梨所占据的空间时,它会通过连接两个相邻梨的边。因此,除了在旅程的起点和终点的梨,每个梨都必须与偶数个其他梨相连。因此,鹧鸪出发时的梨只与一个其他梨相连。除此之外,树上唯一与奇数个梨连接的梨是图 6.10 所示的那个，它与三个相邻的梨连接。该图也展示了一条可能的路径。

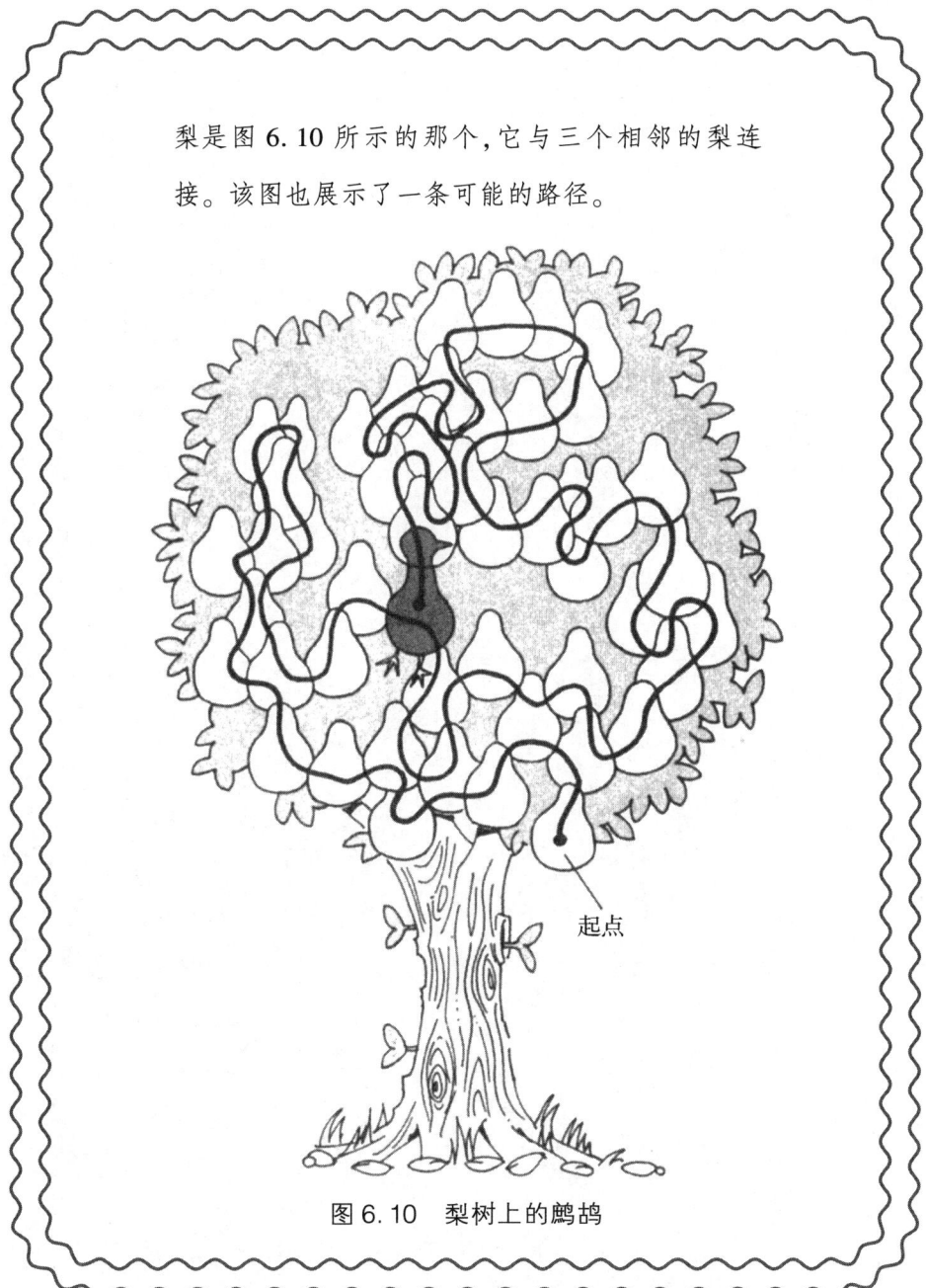

图 6.10　梨树上的鹧鸪

进阶读物

第 1 章

J. H. Conway, "An Enumeration of Knots and Links, and Some of their Algebraic Properties", *Computational Problems in Abstract Algebra*, ed. J. Leech, Oxford: Pergamon Press, 1969, pp. 329—358.

H. M. Cundy and A. P. Rollett, *Mathematical Models*, Oxford: Oxford University Press, 1961.

G. Kolata, "Solving Knotty Problems in Math and Biology", *Science*, 231 (28 March 1986), pp. 1506—1508.

W. B. R. Lickorish and K. C. Millett, "The New Polynomial Invariants of Knots and Links", *Mathematics Magazine*, 61 (February 1988), pp. 3—23.

D. Rolfsen, *Knots and Links*, Berkeley: Publish or Perish, 1976.

第 2 章

V. A. Demjanenko, "L. Euler's Conjecture", *Acta arithmetica*, 25 (1973—1974), pp. 127—135.

Noam Elkies, "On A4+B4+C4 = D4", *Mathematics of Computation*, 51 (1988), pp. 825—835.

L. J. Lander and T. R. Parkin, "Counterexamples to Euler's Conjecture on Sums of Like Powers", *Bulletin of the American Mathematical Society*, 72 (1966), p. 1079.

L. J. Mordell, *Diophantine Equations*, New York: Academic Press, 1969.

Paulo Ribenboim, *13 Lectures on Fermat's Last Theorem*, New York: Springer-Verlagz 1979.

Ian Stewart, *The Problems of Mathematics*, Oxford: Oxford University Press, 1987.

David Wells, *The Penguin Dictionary of Curious and Interesting Numbers*, Harmondsworth: Penguin Books, 1986.

第3章

Gregory J. Chaitin, *Algorithmic Information Theory*, Cambridge: Cambridge University Press, 1987.

Martin Gardner, *Mathematical Carnival*, Harmondsworth: Penguin, 1978.

Benoit Mandelbrot, *The Fractal Geometry of Nature*, San Francisco: Freeman, 1982.

Alfréd Rényi, *A Diary in Information Theory*, Cambridge: Cambridge University Press, 1987.

Ian Stewart, *Concepts of Modern Mathematics*, Harmondsworth: Penguin,

1981.

Marta Sved, "Divisibility-with Visibility", *Mathematical Intelligencer*, 10/2 (spring 1988), pp. 56—64.

第 4 章

V. Boltjansky and I. Gohberg, *Results and Problems in Combinatorial Geometry*, Cambridge: Cambridge University Press, 1985.

K. Borsuk, "Drei Sätzeüberdie n-dimensionale Sphäre", *Fundamenta mathematicae*, 20 (1933), pp. 177—190.

H. G. Eggleston, *Convexity*, Cambridge: Cambridge University Press, 1955.

Branko Grünbaum, "A Simple Proof of Borsuk's Conjecture in Three Dimensions", *Proceedings of the Cambridge Philosophical Society*, 53 (1957), pp. 776—778.

I. Yaglom and V. Boltjansky, *Convex Sets*, New York: Holt, Rinehart and Winston, 1961.

第 5 章

Francois Apéry, "La Surface de Boy", *Advances in Mathematics*, 61 (1986).

Francois Apéry, *Models of the Real Projective Plane*, Braunschweig: Vieweg, 1987.

Werner Boy, "Ober die Curvatura integra und die Topologia geschlossener Flächen", *Mathematische Annalen*, 57 (1903), pp. 151—184.

George K. Francis, *A Topological Picture-book*, New York: Springer-Verlag, 1987.

David Hilbert and S. Cohn-Vossen, *Geometry and the Imagination*, New York: Chelsea, 1983.

第 6 章

W. S. Andrews, *Magic Squares and Cubes*, New York: Dover Publications, 1960.

Martine David and Anne-Marie Delrieu, *Aux Sources des chansons populaires*, Paris: Belin, 1982.

H. E. Dudeney, *Amusements in Mathematics*, New York: Dover Publications, 1958.

H. E. Dudeney, *The Canterbury Puzzles*, New York: Dover Publications, 1958.

Game, Set and Math:
Enigmas and Conundrums
By
Ian Stewart
Copyright © 1989 by Ian Stewart
This edition arranged with The Curious Minds Agency
GmbH and Louisa Pritchard Associates
through BIG APPLE AGENCY, LABUAN, MALAYSIA.
Simplified Chinese edition Copyright © 2025 by
Shanghai Scientific & Technological Education Publishing House Co., Ltd.
ALL RIGHTS RESERVED
上海科技教育出版社业经 BIG APPLE AGENCY 协助
取得本书中文简体字版版权